# 历历如绘

## 舆图内外的运河故事

王耀 编著
北京市文学艺术界联合会组织编纂

學苑出版社

图书在版编目（CIP）数据

历历如绘：舆图内外的运河故事 / 王耀编著 . --
北京：学苑出版社，2021.9
ISBN 978-7-5077-6262-4

Ⅰ . ①历… Ⅱ . ①王… Ⅲ . ①运河—水利史—中国
Ⅳ . ① TV882

中国版本图书馆 CIP 数据核字 (2021) 第 186485 号

责任编辑：陈　佳
出版发行：学苑出版社
社　　址：北京市丰台区南方庄 2 号院 1 号楼
邮政编码：100079
网　　址：www.book001.com
电子邮箱：xueyuanpress@163.com
联系电话：010-67601101（营销部）、010-67603091（总编室）
印 刷 厂：北京荣泰印刷有限公司
开本尺寸：710 mm × 1000mm　1/16
印　　张：11.25
字　　数：124 千字
版　　次：2021 年 10 月第 1 版
印　　次：2021 年 10 月第 1 次印刷
定　　价：60.00 元

# 前　言

京杭大运河作为贯通南北的水利工程，发挥着航运、灌溉、防洪、文化传承等功能，蕴积着我国经济、交通、生态、情感等丰富的文化形态，培育了中华民族多元统一、包容开放的文化精神。

“北运河流域民俗文化普查活动及民俗志编纂”项目以习近平新时代中国特色社会主义思想为指导，深入贯彻习近平总书记关于保护好、传承好、利用好大运河文化的重要批示指示精神，贯彻《大运河文化保护传承利用规划纲要》和《长城、大运河、长征国家文化公园建设方案》，坚持以人民为中心的发展思想和高质量发展要求。通过对运河流域文化资源的挖掘、整理、研究、利用，以区域协调发展为导向、以文化为引领、以文化共同体建设作为顶层设计，实现文化遗产的科学保护、利用、传承，增强文化自信，提升中国文化的影响力。

2018 年至 2020 年，项目组主要围绕历史地理沿革、文化遗产保护、文艺流动与文化交融三个阐释维度展开研究。地图研究是其中一个极为重要的方面，尤其是将地图与运河及地方社会相结合，与近代学术转型相结合，从知识史和空间认知角度展开讨论，展现出多学科交叉与理论多元化在运河研究中的重要意义。

古代中国地图区别于近现代地图，近现代地图受到近代西方科学尤其是测绘技术的支配性影响，地图符号趋于标准化，虽更便于普及和识读，但与古代地图所涵盖的丰富信息而言，略显单调和乏味，成为了更具实用性的工具。相较而言，古代地图的绘制受到中国传统山水画的影响，兼具实用和美感，艺术化地传递山河、宫殿、庙宇、军事等历史信息。同时，古代地图产生于古代社会，受到各历史时期的文化、艺术、思想等综合影响。这就需要释图者具备扎实的历史知识。本书即是专业研究者撰写的普及性读物，试图利用中国古代运河图来图像化地阐述运河历史故事。

中国古代运河图大概现存一百多幅（卷），以明清时期为主，其中不乏绘制精美的艺术珍品。这些地图目前主要分藏于中国第一历史档案馆、中国国家图书馆、台北故宫博物院、美国国会图书馆、大英图书馆等处。本书重点介绍的中国国家图书馆藏《岳阳至长江入海及江阴沿大运河至北京故宫水道彩色图》，采用传统画法把长江自荆江以下至海口段与大运河绍兴、杭州至北京皇城全程合璧绘于一长卷中，并标注沿江水势、地名、里程及沿河闸坝等。本书即以该图绘制内容为中心，结合其他地图、图像、文献记载等，介绍舆图内外的运河故事。

“舆图之内”即介绍国图藏图基本信息，进而分河段介绍该图绘制内容及其中的黄河图像和名胜古迹。“舆图之外”则呈现图中并未呈现、却与运河治理相关的人员和器具，这包括康熙、雍正、乾隆三位治理运河的故事以及三位河臣的事迹和少见的古代修河器具。

本书通过梳理文献和古地图中的北运河流域历史与民俗，将地图与历史地理研究及空间研究相结合，以点带面勾勒其文化网络与发展脉络。此外，研究中对方志、空间、建筑等学科的关注，大大丰富了运河图研究的方法与思路，从而推进运河研究的多元化发展。

# 导 言

## 一

“历历如绘”是一个较为生僻的成语，指的是描述清楚、生动，犹如绘画一般。笔者在道光朝河臣完颜麟庆（1791—1846）所著《鸿雪因缘图记》中偶然看到，觉得和本书内容非常契合。不同于测绘地图的标准化以及偏重于追求准确的实用目的，中国古地图受到中国传统山水画影响，追求实用中又兼具艺术的美感，所以在此借用“历历如绘”一词，是指古地图犹如山水画，透过地图中的山、水、河渠、湖泊、城池、庙宇等，可以触碰到已经远去的历史。

本书的最大特色，就是利用了很多其他书中不太常使用的古代运河图和图像来进行历史讲述，也可以说重视挖掘古地图的史料价值，利用运河图来讲述运河图，利用运河图来讲述大运河。

相比于文字描述，古地图可以提供更好的空间感。烦琐的文字描述往往让人如坠烟雾，不知南北，而拿出一张地图来对着读，就会化解这些不必要的困惑。这就是中国古人所说的“左图右史”“左图右书”的读书传统，这也是这本“图书”的追求，图文并茂地进行专业知识传播。

古地图的利用，并非易事，肯定不是看图说话这么简单。因为地图本身就是史料，它不会提前告诉我们它的身世，这就需要做好专业判读，弄清楚它的年代、绘制目的、史料价值等，才可能准确地运用到书中，与文献记载共同承担历史叙事。除古地图外，书中还利用了部分图像，诸如绘画、奏折图影等，其中会展现古代行宫、寺庙、工具的影像，也会展现君臣之间的治河磋商、用人策略等，希望可以提高这本“图书”的可读性。

## 二

根据海内外藏图目录等统计，中国古代运河图大概现存一百多幅，其中不乏珍品佳作。中国国家图书馆（简称“国图”）藏《岳阳至长江入海及江阴沿大运河至北京故宫水道彩色图》，因为图幅精美、注记丰富，于2010年入选《第三批国家珍贵古籍名录》。本书即以该图绘制内容为中心，结合其他地图、图像、文献记载等，介绍舆图内外的运河故事。

所谓“舆图之内”，简单来说，就是舆图上的图幅信息，这主要是前四章的内容。其中第一章简要介绍大运河和运河图的概况，并说明国图藏图的图题、绘制内容、表现时间等基本信息，便于后文展开叙述。第二章则分河段介绍国图藏图中的绘制内容，便于从空间上了解不同河段的特性和运河图的绘制特色。第三章是简要介绍地图中与大运河治理密切相关的黄河治理。第四章则集中于利用古地图、图画等展现运河沿线的名胜古迹，以加深读者对于运河沿线景观的认知和地图绘制对象多元性的认识。

“舆图之外”的内容主要记述舆图上并不直接呈现，但是却与运河治理密切相关的人员与器具。第五章介绍的三位清朝皇帝，在河工治理上，多有作为，他们都是用图人，形象、直观的运河图受到重视。康熙曾朱批：“历年所奏河道变迁图形，朕俱留内时时看阅”；乾隆曾朱批：“俟绘图贴说奏来，益明详矣”。第六章分别介绍了康熙朝、乾隆朝、道光朝的三位河臣，他们在治河中绘制河图，上报请示。国图藏图中展现的很多河渠工程，都直接出自他们之手。第七章介绍的各种修河器具，是古代文献和今人著作中较少关注的部分，它们虽然看起来简陋，但是这些原始生产工具，却在古代劳动人民手中，变幻开凿出了绵延数千里的大运河。

大运河的伟大、治河的艰辛、运河图的珍贵、劳动人民的汗水、大地上的信仰，这些或者体现在图幅之内，或者体现在图幅之外。无论内外，都希望读者循着画卷，细细品味，如康熙皇帝所说，“时时看阅”。

# 目录

## 第五章　阅图的皇帝



## 第六章　绘图的河臣



## 第七章　修河的器具

# 第一章

# 运河图

# 一、大运河概说

在近代轮船海运和铁路运输兴起之前，利用河流运输是较陆路运输更为便捷、更为高效的运输方式。中国古人在很久之前，就已经懂得利用河流、开凿河渠等，进行物资转运、人员运输。早在春秋时期，吴王夫差开凿邗沟，连通长江与淮河。至隋朝，以洛阳为中心，北至涿郡、南达杭州的京杭大运河开通。今天意义上的大运河，更多承袭自元、明、清三代，因为定鼎北京，为更便捷经济地连通江南地区，大运河的形状由隋唐时期以洛阳为中心的树杈状，变成了南北更为平直的形态。

京杭大运河连通海河、黄河、淮河、长江、钱塘江五大水系，是中国古代南北交通的大动脉，也是世界上开凿最早、规模最大的运河。2014年，中国大运河入选《世界遗产名录》。

## 二、运河图概况

“舆”在中国古代是车架之意，古人信奉“天圆地方”的观念，故而取方形车架来比附“地方”之说，以“舆”指地，因此中国古代也称地图为“舆图”或“舆地图”。

中国古代绘制的舆图，类型丰富。清朝内务府造办处舆图房是专门收集和管理舆图的皇家机构。乾隆二十五年（1760），清廷对所藏舆图档案进行整理和编目，编成《萝图荟萃》，其中的古地图分类原则和方法具有代表性和示范意义，从中可以了解古地图所涵盖的基本类型。

《箩图荟萃》将舆图分为十三种类型，分别是：

（1）天文

（2）舆地（包括总图与区域图）

（3）江海（包括海防图和营汛图）

（4）河道（包括黄河图、运河图、长江图、海塘图等）

（5）武功（清军围攻守阵的图幅）

（6）巡幸（皇帝谒陵、出巡时经临之地及驻跸之所的图幅）

（7）名胜

（8）瑞应（反映农业丰收等的祥瑞之图）

（9）效贡（域外使臣入贡礼品的图式）

（10）盐务

（11）寺庙

（12）山陵（帝王陵寝及陵寝规制图幅）

（13）风水

以运河为绘制主题的运河图，与“黄河图”“长江图”等统归入“河道”一类。大运河舆图虽然仅仅是古代舆图这棵大树上的一个枝杈，但是作为反映运河治理状况的专题图，是形象化记录历史状况的极为珍贵的图像史料。

古代舆图，年代越久远，留存越困难。纸本或绢本的彩绘运河图，目前来看，在元代，仅在个别志书中有书影，并未见到单幅运河图存世；明代志书类运河图较多，也在以黄河为绘制主题的《河防一览图》中有运河的影像，但单幅运河图仍旧稀见。仅就年代而言，目前存世的彩绘运河图，以清代为主。

古代运河图以官方绘制为主，用于上奏治河进展、请示工程、申请治河款项等功用。这些官绘本舆图，在清代主要存放在内务府造办处舆图房、内阁大库、军机处及地方衙署等处。除少部分流落民间及海外，大部分辗转保存在中国第一历史档案馆、台北故宫博物院、中国国家图书馆等处。

1909年，京师图书馆（1928年改为国立北平图书馆）筹建时，清政府决定将内阁大库珍藏的百余种明清绘本地图拨交京师图书馆庋藏。1929年，国立北平图书馆与北海图书馆合并（1998年更名为中国国家图书馆）时，特设了舆图部（北平解放前夕改设舆图组），在舆图部主任王庸先生主持下，进行地图的搜集、加工、存贮、阅览和研究咨询的工作。经过多方搜集征购，至1933年底地图收藏已初具规模。在此基础上，王庸等人于20世纪30年代先后整理出版了《国立北平图书馆藏清内阁大库舆图目录》《国立北平图书馆中文舆图目录》和《国立北平图书馆中文舆图目录续编》三本舆图目录，共汇集地图4000余种。1949年新中国成立后，又陆续有不少珍贵地图入藏，截至1991年底，中国国家图书馆馆藏各类古旧地图共计6000余种，在国内图书馆中首屈一指。

1997年，中国国家图书馆舆图组重新整理出版了《舆图要录》一书，共披露了6827种中外文古旧地图的信息，其中不乏珍本佳作。比如明代《今古舆地图》《广舆图》《天下九边分野人迹路程全图》《陕西舆图》《广舆考》《坤舆万国全图》《皇明职方地图》，以及清代《福建舆图》《舆地总图》《内府舆地全图》《大清万年一统天下全图》《黑龙江图》《避暑山庄全图》《五台山圣境图》等，皆入选“国家珍贵古籍名录”。

中国国家图书馆（以下简称“国图”）藏100余幅大运河地图中也有多幅入选“国家珍贵古籍名录”，诸如《岳阳至长江入海及自江阴沿大运河至北京故宫水道彩色图》《八省运河泉源水利情形图》《山东运河河工图》《江南省黄运图》《运河图》《漕河挽运图》等。

## 三、《岳阳至长江入海及自江阴沿大运河至北京故宫水道彩色图》

该图入选第三批国家珍贵古籍名录（编号：08056）。

该图现藏于中国国家图书馆善本部舆图组，在1997年整理出版的《舆图要录》中有简单注记："绘本，未注比例，清中期，1幅，彩色，31×945厘米。此图采用传统画法，把长江自荆江以下至海口段与大运河全程绘于一长卷图上，并标注了沿江水势、地名、里程及沿运河闸坝等。"以下就该图的图题、绘制内容及表现年代这三个方面做进一步介绍。

### （一）图题

如图1右侧所示，卷首贴签中钢笔字迹："岳阳至长江入海及自江阴沿大运河至北京故宫水道彩色图 约明末清初所作"，并在下方钤印有"中央人民政府水利部测验司资料室"的椭圆形印章。综合钢笔字迹、印章内容以及贴签用纸的陈旧程度来看，文字大概为新中国成立初期所书。水利部测验司资料室应该是该图的早期收藏单位，稍后才转入国图。而图1左侧的文字及收藏编号，应该是入藏国图时所誊录和编写。因此，该图图题应该是新中国成立初期水利部测验司资料室人员所拟写，后被国图转录沿用。这种全境描述式的拟名方式，并不符合中国古代运河图的图题拟写习惯。

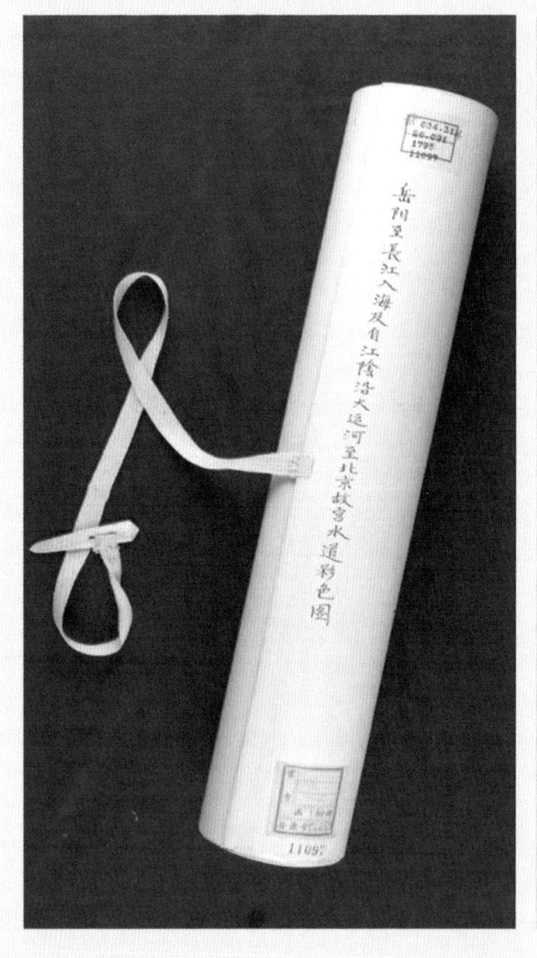


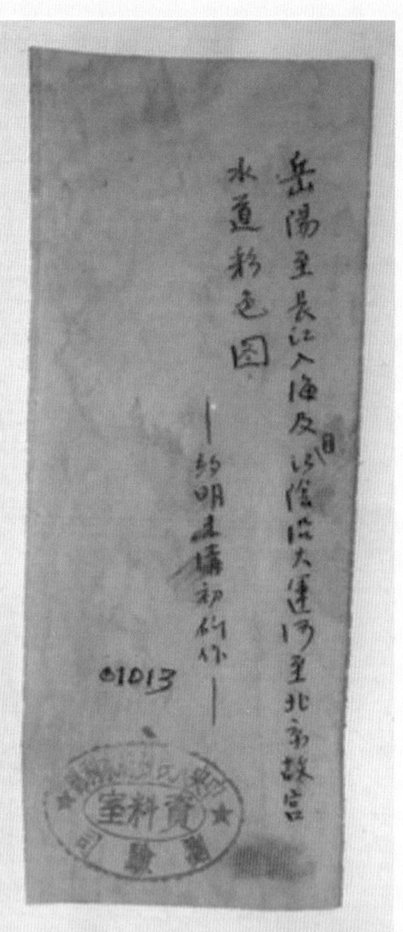


图 1 《岳阳至长江入海及自江阴沿大运河至北京故宫水道彩色图》图题

运河图的分类标准有多种，其中一种是按照地图的不同用途来划分。根据绘制空间地域、具体用途等，可分为运河河工图、漕运图、运河景观图。其中运河河工图以运河水利工程、河渠治理为绘画重点，绘制地域一般是北起北京、南达杭州。此类地图是最为常见的运河图，目前留存数量最多。漕运图的最大特点是，绘制地域不仅包括大运河流域，而且涵盖洞庭湖以下的长江河段。而第三类运河景观图比较少见，实用价值不高，重点绘制运河沿途的景点名胜等。

依上述标准，国图藏图应归为漕运图一类，因为十分明显的是，国图藏图的绘制地域正是洞庭湖以下长江河段与大运河全程。明清时期漕粮的征集范围，不仅包括大运河沿线省份，而且涵盖长江流域的两湖、江西等省。因此，以这一地域为绘制对象的地图，区别于一般意义上的运河河工图，在图幅属性上，称之为漕运图更为贴切。

这类漕运图的图题，有些相近古地图可供参考，比如国图藏《八省运河泉源水利情形图：湖北湖南江西安徽浙江江苏山东直隶》《八省运河泉源水利情形全图》、山东省汶上县档案馆藏《八省运河泉源水利情形总图》以及台北故宫博物院藏《八省运河泉源水利情形图》。上述四种图题应该是清代人常用的漕运图的拟名方式，也适用于国图藏图。鉴于该图图名较冗长，下文以国图藏《运河图》简称之。

### （二）绘制内容

国图藏《运河图》采用中国传统的山水画形象画法绘制，全图将岳阳以下段长江、大运河以及淮安至徐州段的黄河均绘制在地图上。各条水道沿途的府州县用较为规则的方形城墙来象征性的表现。京师北京环绕在祥云之中，可以看到城墙与城门楼。整幅地图用色较为平淡，色彩朴素。

该图为卷轴装，31 cm×945 cm，长卷从右往左打开，长江从荆江段和岳州府洞庭湖开始出现在地图中，洞庭湖部分图幅有残缺，沿江一直绘制到入海口。地图在长江段重点绘制的是江中的沙洲、滩涂、矶头以及支流、湖泊等，这应当与长江的航运有关。如图2所示，在“江宁府”附近的长江水道中密密麻麻地标注了“焦山”“金山”“沙漫洲”“扁担夹”“龙袍洲”“老洲”“梅子洲”“草鞋夹”“白露洲”等。此段地图以长江的南岸为上，不太考虑实际方位。

如图3所示，黄河用淡黄色表现，这符合黄河多沙的水性和观感，地图中黄河徐、吕二洪及邳宿运河处都有较为详尽的文字注记说明，黄河与运河同时出现在淮安段到徐州之间的地图中。

大运河从钱塘江南岸的绍兴府到镇江府，与长江同时出现在地图上，以运河的东岸为上，不太注重具体的方位。运道沿岸苏州、杭州的相关内容绘制相当翔实，两座城市周边的著名景点都一一在图上呈现。如图4所示，杭州附近的名胜，诸如“西湖”“三潭映月”“雷峰塔”等都被形象地绘制在图上。

在大运河的不同河段有不同的绘制重点。从杭州到镇江府这一

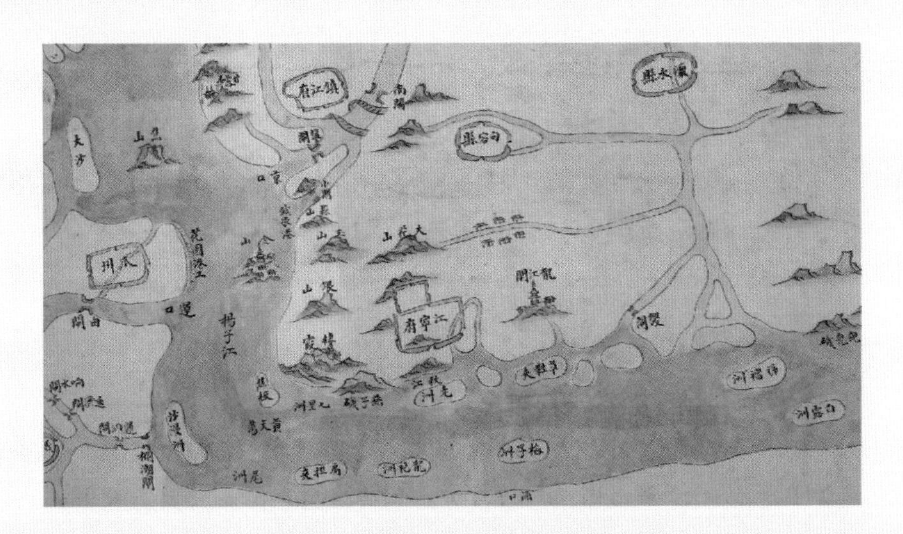


图 2　国图藏《运河图》之江宁府

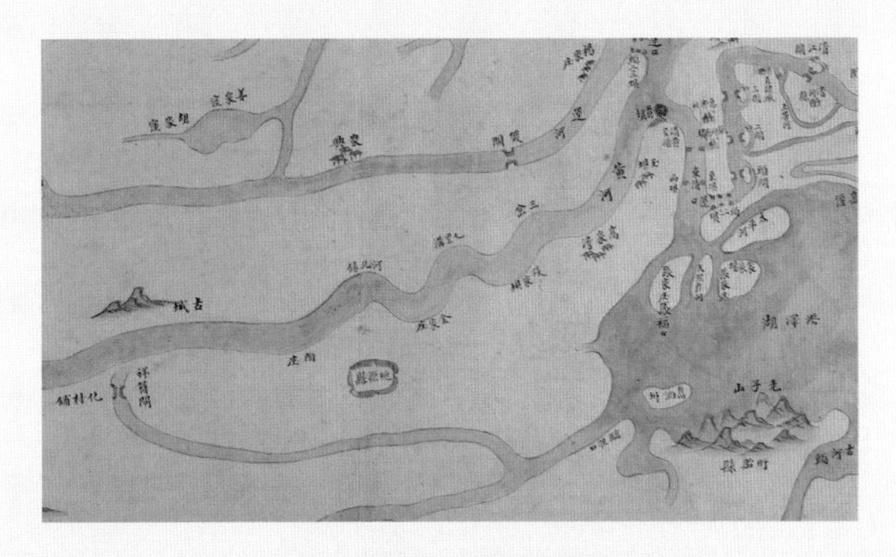


图 3　国图藏《运河图》之黄河

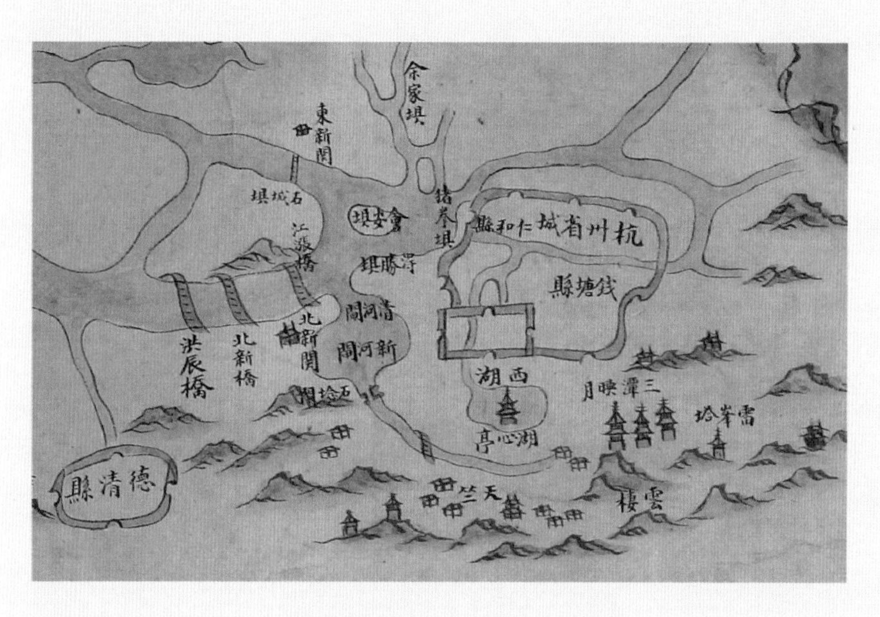


图 4　国图藏《运河图》之杭州

段江南运河，地图上主要表现的是桥梁。里运河段的水利工程较多，淮安段周边有大量文字注记，水利工程密集。中河段主要就中河开凿等问题有较为详尽的文字描述。地图中对山东段运河重点描绘的是沿途闸坝，此段闸坝密集，不愧有“闸河”之称。从临清开始，进入以卫河为水源的运河段，此段直至天津入海口，主要绘制沿途的村镇。

地图中部分黄色贴签有残缺，部分贴签记录了长江及大运河沿线的重要人文建筑和名人事迹，体现了地图的读史功用，如“南康城，在濮阳湖中，周莲溪先生曾官于此，今有爱莲池遗迹在府署西。到白鹿洞二十五里有书院”。再比如，“东昌府，春秋齐地，秦曰钜鹿，汉曰阳平，元曰东昌，明曰东昌府，城中射书台即鲁仲连遗燕将书处，城中鼓楼名光鹤楼，五层高十一丈，卞庄墓、单父墓、明铁铉所守之地，至临清州一百二十里”。

文字注记较为密集之处：镇江府、扬州府、济宁州、东昌府、瓜仪运河、高宝运河、中河、微山湖、昭阳湖、沂河、鲁桥、洸河、蜀山湖、马踏湖、南旺分水口、会通河等，附有一篇《泇河考》。

### （三）表现年代

雍正皇帝胤禛即位后，为避名讳，地名中将“真定”改称“正定”、“仪真”改称“仪征”。因为地图中出现“仪征县”，所以该图绘制当在雍正元年以后。同时，图中黄色贴签中出现“雍正九年，移建竹络坝于旧坝北”，也可印证此点。另外，图中“海宁县”“江宁府”“济宁州”等地名中的“宁”字，都没有避讳道光帝旻宁而改写为“甯”，所以粗略推测该图表现年代应该是清中期。

根据淮安府清口附近的水利工程情形，还可以进一步缩短时间尺度。有清一代，黄河、运河交汇于淮安附近的清口地区，这里是清代治河工程最为集中的区域。分析该区域的水利工程，是判读地图年代的重要依据。以下结合文献及地图具体分析：

根据道光朝文献《黄运河口古今图说》记载：“（乾隆）四十六年，筑东西兜水坝于清口风神庙前，夏展冬接……五十年，清口竟为黄流所夺。钦差阿文成公来江筹勘，议以清口之兜水坝与束清相宜，每年照旧拆筑，改名束清坝，其旧有之东西束水坝应再下移三百丈于惠济祠后福神庵前建筑，名御黄坝。”此段描写可与图5相对照，图5中出现最晚的水利工程应该是御黄坝，故而推断该图反映的应该是乾隆五十年（1785）以后的情况。而在嘉庆九年（1804），束清坝发生了位置变化，“将束清坝移建于头坝之南”，在地图中未出现这一变化。同时结合图6所示，在道光朝河臣绘制的“乾隆五十年河口图”中，同样出现“御黄坝”，且“束清坝”尚未南移。

综合以上分析，国图藏《运河图》反映的大致是乾隆后期的运河状况。

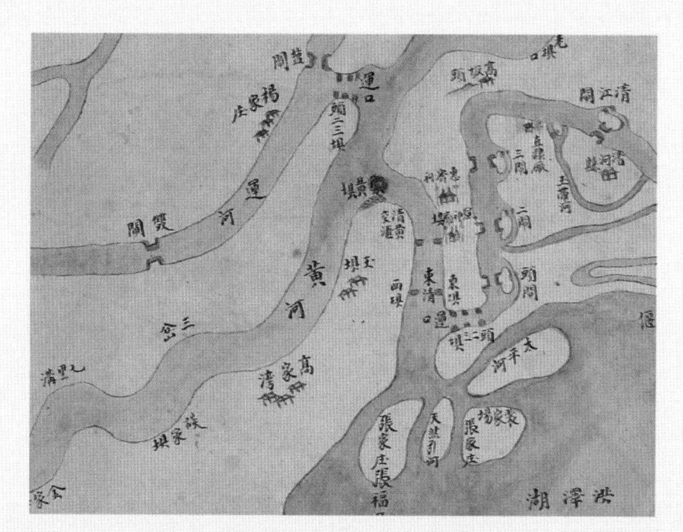


图 5　国图藏《运河图》之黄运交汇处

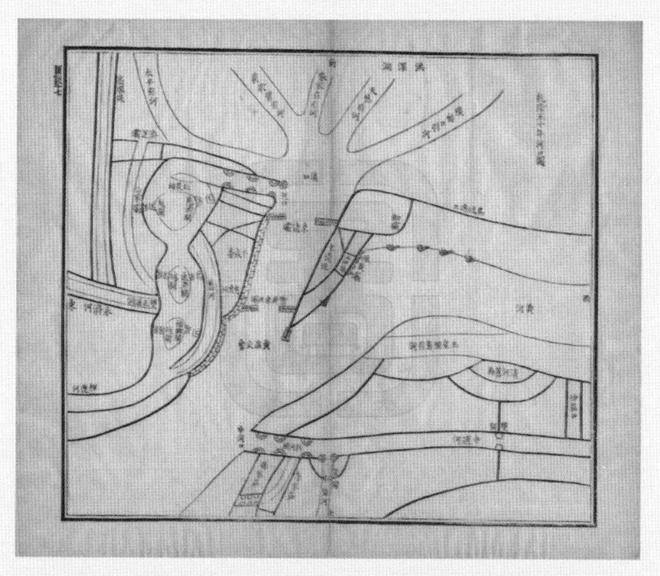

图 6　《黄运河口古今图说》之“乾隆五十年河口图”

# 第二章

# 地图中的运河

据《清史稿》记载："运河自京师历直沽、山东，下达扬子江口，南北二千余里，又自京口抵杭州，首尾八百余里，通谓之运河。"[1]京杭大运河全程，因为水文地理条件等差异，区分为不同的河段，比如江南运河、山东运河、北运河、通惠河等。

大运河由多条河道组成，流经不同地域，并且各自的开凿历史、治理重点和水性等有很大差异，因此，大运河从南到北，分为多个河段：

（1）江南运河："由杭州起，经嘉兴、苏州、无锡、常州至镇江，因在长江之南，故称为江南运河"[2]；

（2）里运河："管辖南自瓜洲江口起，北至运口甘罗城止，共计河长三百七十三里有零"[3]；

（3）中河："管辖东自杨庄运口起，北至山东交界黄林庄止，共计河长三百四十三里"[4]；

---

1 《清史稿》卷127《河渠二·运河》，第3769页。

2 安作璋：《中国运河文化史》（下册），山东教育出版社，2001年，第1411页。

3 《清代京杭运河全图》之图说。

4 同上。

（4）山东运河："南自江南邳州交界黄林庄起，北至直隶景州交界桑园镇止，计河程一千二百二十五里一百八十步"[1]；

（5）南运河：南自山东临清起，北至天津；

（6）北运河：天津至北京通州的运河河段；

（7）通惠河：为大运河最北边的河段，起自北京昌平，南达北京通州。

本章将以国图藏《运河图》为中心，以图文并茂的方式，分不同河段来分析图幅的绘制内容、绘制特点等。

1 《清代京杭运河全图》之图说。

# 一、江南运河

江南运河位于长江以南，直至杭州。一般而言，江南运河水文条件较好，大运河地图对于该河段的绘制，以绘制沿途州县、桥梁和名胜为主。这与当事人对江南运河的认知和江南运河的地域属性有关。据《清史稿》记载："京口以南，运河惟徒、阳、阳武等邑时劳疏浚，无锡以下，直抵苏州，与嘉、杭之运河，固皆清流顺轨，不烦人力。"[1] 由此可见，江南运河一般情况下，"清流顺轨，不烦人力"，少有闸坝等人工工程蓄泄调节水量，有较为优越的天然水文环境。

## （一）无锡

结合图 7 所绘制的无锡附近运道可见，出现在地图上的多是桥梁、山峦等，并未绘制闸坝埽堰等水利设施。

现藏于大英图书馆的《运河图》，绢本彩绘，卷轴装，尺寸为 51cm × 944cm。整幅地图线条流畅，用色考究，绘制精美，绘制表现的是康熙四十二年（1703）的运河状况。图 8 节选了该图中的无锡附近运道。

图 9《清代大运河全图》为国内私人藏家收藏，纸本彩绘，尺寸 22.5cm × 869cm，经折装。该图的绘制表现年代是嘉庆九年（1804）至嘉庆二十五年（1820）间。图 9 也是选取的无锡附近

1 《清史稿》卷 127《河渠二 · 运河》，第 3770 页。

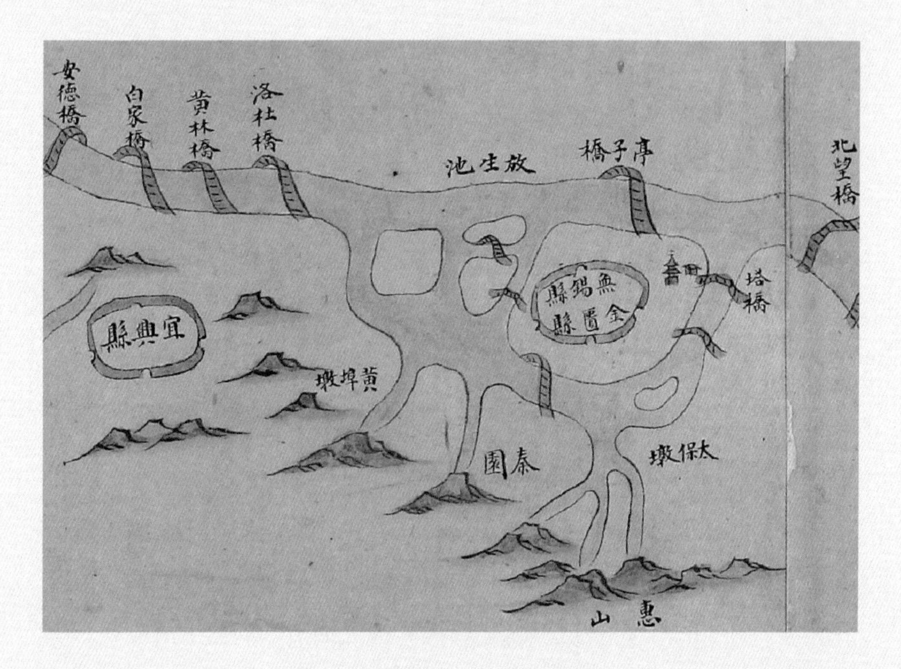


图 7　国图藏《运河图》之无锡

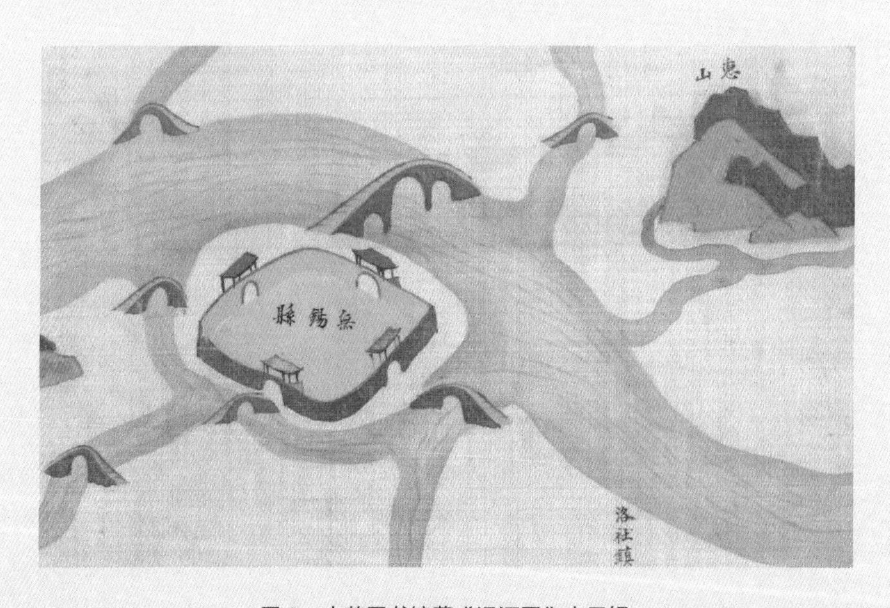


图 8　大英图书馆藏《运河图》之无锡

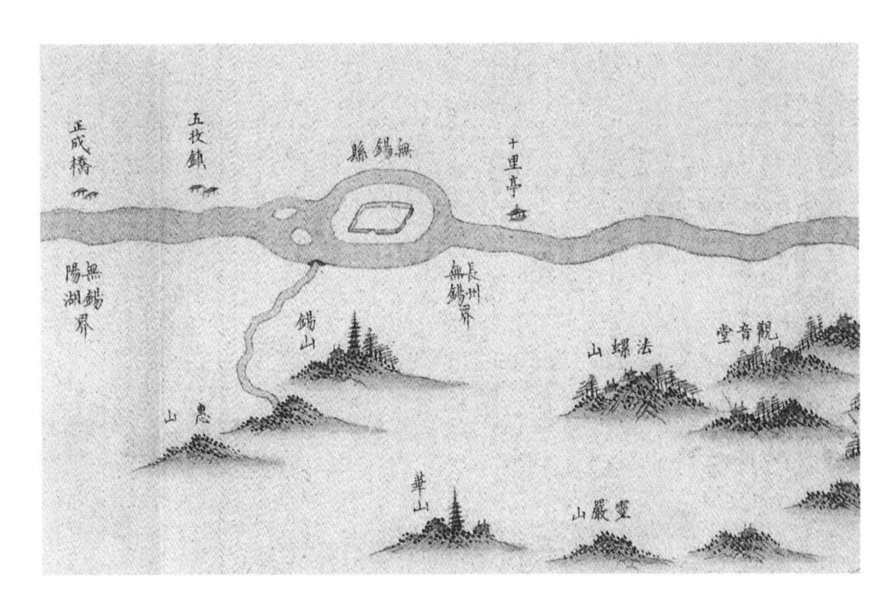


图 9　《清代大运河全图》之无锡

运道。

结合这三幅分属于康熙、乾隆、嘉庆不同时期的地图，同样可以看到，江南运河段运道并无多大变化，基本顺天应时，水文条件得天独厚。

### （二）京口

再以江南运河与长江交汇处的京口为例，如图 10 所示，国图藏《运河图》较为详尽地绘制了该地域内的闸坝、桥梁、寺庙、山峦及名胜等。图中有贴说，介绍历史渊源，“镇江府，春秋为吴地。秦名会稽，三国吴初都于此，孙权筑铁瓮城，迁都秣陵，乃置京口镇。刘宋曰南徐，隋曰润州，唐曰丹阳，明曰镇江府”。

《黄河下游闸坝图》现藏于美国国会图书馆，纸本彩绘，由 19 幅地图叠装成册，29cm × 29cm。该图应该绘制于乾隆十四年至乾隆

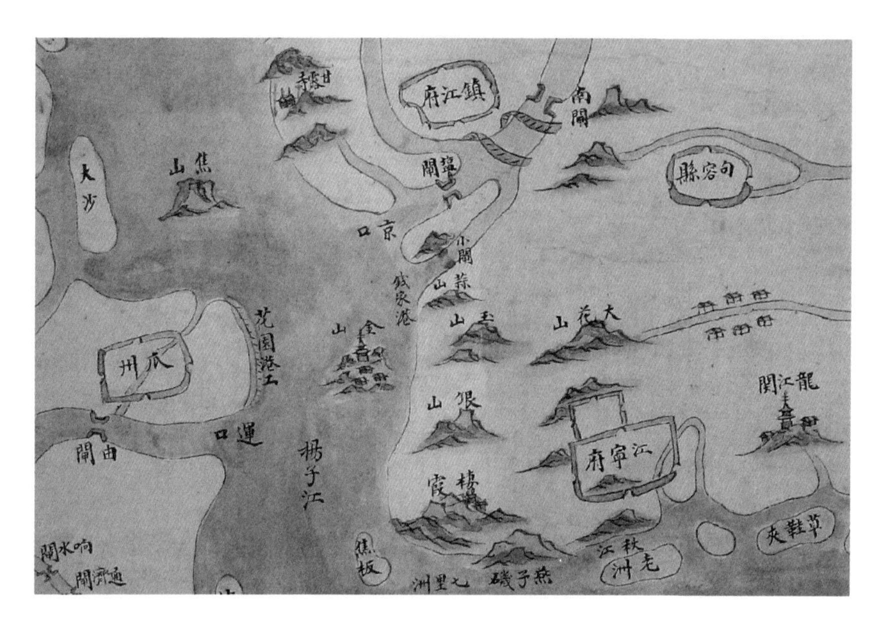


图 10　国图藏《运河图》之京口

十八年间（1749—1753），具有极高史料价值，极有可能属于乾隆朝江南河道总督高斌进呈皇帝御览的官方地图资料。其中有一幅《京口江工图》（如图 11 所示），详尽绘制了镇江府区域的山峦、河道、闸坝等状况，可与图 10 对照。图幅左上角贴说中注记：

京口江工始于雍正十三年，因江溜刷坍崖岸，街道民房俱有损伤。前河院嵇（曾筠）奏明照瓜洲江工之式，抛填碎石，下埽护崖，得以平稳。现今每岁修防。

据此记载可见，京口因毗邻长江的特殊位置，雍正年间曾因江流冲刷而发生塌陷，造成民房受损。因此当时河臣嵇曾筠（1670—1739）在岸边抛填碎石，加固堤岸，以后历年修防。总体而言，江南运河水文条件良好，基本不烦人力。

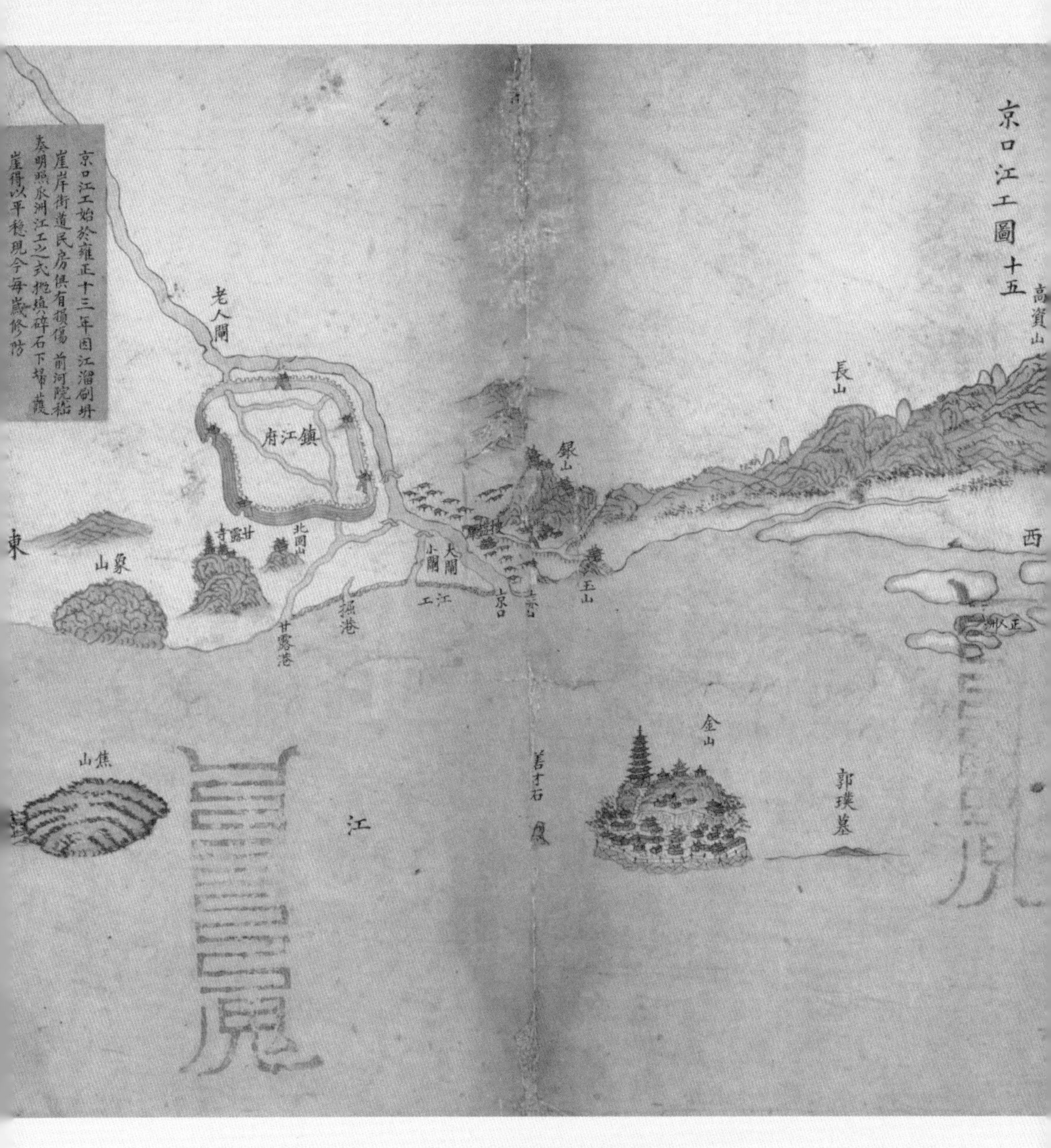


图 11　《黄河下游闸坝图》之《京口江工图》

## 二、里运河

里运河南起长江北岸瓜州，北达运口甘罗城。结合国图藏《运河图》可知，在该段运道上注重绘制扬州、仪征、瓜州等沿江城市及其周边的闸坝等；在里运河中段，重点绘制高邮湖、宝应湖等。

### （一）瓜州、仪征

重点绘制扬州、瓜州及仪征区域内的水利工程，与处于运道和长江的交汇处这一特殊地理位置有关。如图12所示，绘制了“仪征县”旁的“响水闸”“通济闸”“罗泗闸”“拦潮闸”“沙漫洲”以及“瓜州”旁的“由闸”“花园港工”。

关于这些闸坝的修筑时间、修筑目的等，可以参阅图13及其图说。图13《瓜洲江工图》同样来自于《黄河下游闸坝图》，较国图藏《运河图》绘制得更为精细，且有大段文字注记可供参阅。对比图12、图13可见，乾隆前中期与乾隆后期的状况并无太大变化。同样在“仪征县”附近是四座闸和一座“沙漫洲”，在“瓜州”附近标注“由闸”和“花园港工”。图13中的两处图说，注记翔实，可供参考，誊录于下：

瓜洲江工，始于康熙五十五年，奉圣祖仁皇帝谕旨兴建，雍正五、六年后，江流北趋，坍塌崖岸，逼近城垣。前河院嵇

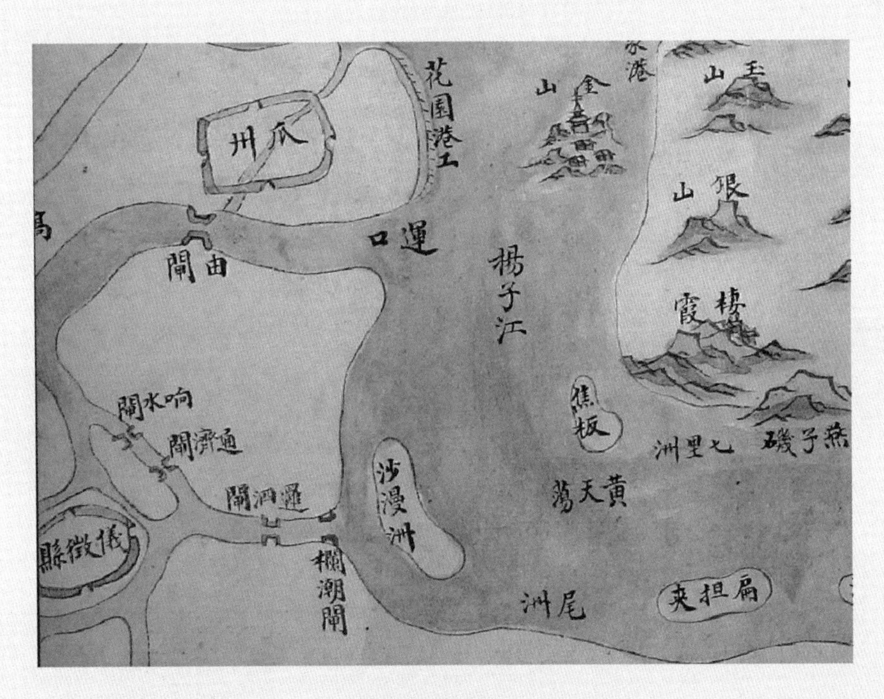


图 12　国图藏《运河图》之瓜州、仪征

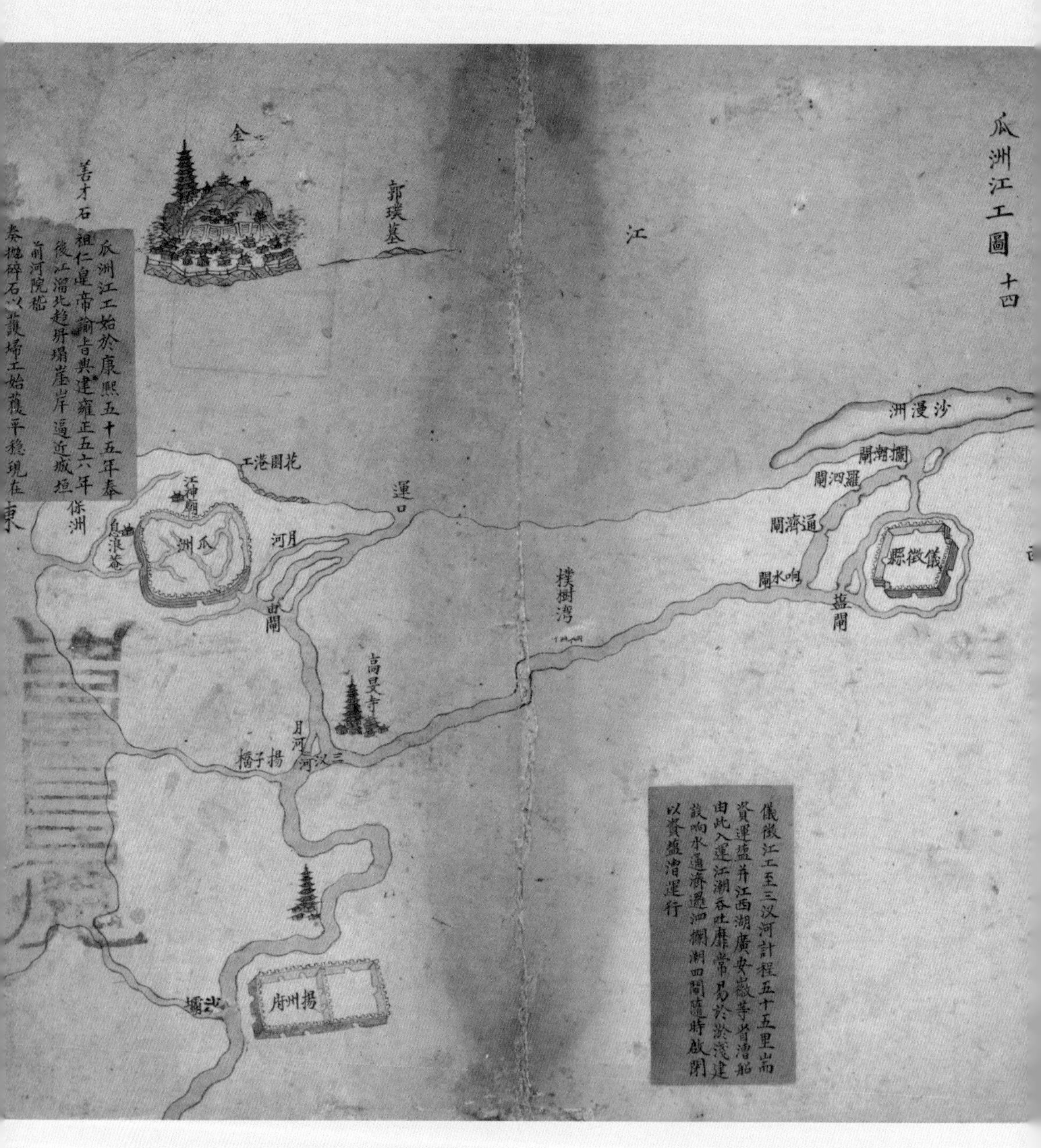


图 13 《黄河下游闸坝图》之《瓜洲江工图》

（曾筠）奏抛碎石以护埽工。始获平稳，现在历年修防。

仪征江工至三汊河，计程五十五里，岀资运盐并江西湖广安徽等省漕船由此入运，江潮吞吐靡常，易于淤浅，建设响水、通济、罗泗、拦潮四闸，随时启闭，以资盐漕运行。

由上述记载可知，瓜州江工始于康熙后期，雍正朝补修，后历年修防。而仪征江工，兼具漕运和盐运的用处，为防止江潮吞吐入运道，建设四闸，调节水量。

### （二）高邮湖、宝应湖

高邮湖、宝应湖同样是国图藏《运河图》在里运河河段的重点绘制对象，如图 14 所示，里运河沿线湖泊众多，湖泊、水道之间河网密集，相互贯通，这有利于利用脉络贯通的水系，及时调节蓄泄运道之水，保障运道畅通。“高邮湖”“宝应湖”是里运河沿线的最大湖泊，这些湖泊也被称为“水柜”，蓄泄湖水，调节运道水量。因此，里运河具有较好的行运环境。

图中有贴签注记，名为“高宝运河”，誊录于下：

明初高家潭同高邮、邵伯等湖俱修石堤，运船逐堤往□撞坏。弘治间，开康济河以避其险。嘉靖五年，于汜光湖东傍堤开新河三十里，遂弃康济河。万历十二年，于石坝东旁堤开河三十余里，曰弘济河，其间因时修闸筑堤，不一而足。

国朝康熙十六年，堵清水塘，更于湖中绕回开湖一道，改

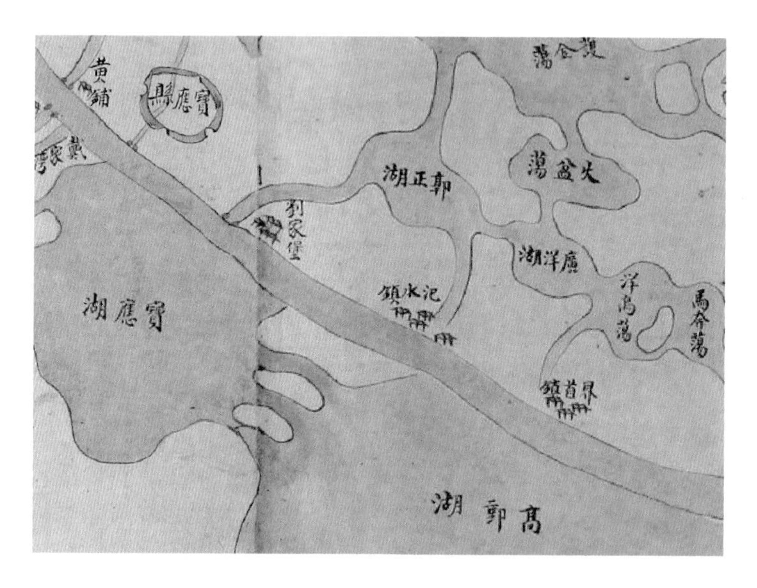


图 14　国图藏《运河图》之高邮湖、宝应湖

东、西堤，曰永安河。三十九年，西岸绕挑越河一道，筑拦河两坝，漕艘安行，筑永安等处石工，改五减坝为四滚水坝，挑人字河、凤凰桥等处，以泄高、邵涨水，由金湾三闸入芒稻河注江，挑虾鬚二沟，以泄山宝诸水，由泾涧二河入射阳湖归海。雍正九年，移建竹络坝于旧坝北首并挑引河入青荡湖，由汜光湖入高邮湖。

图幅中文字注记翔实，是非常难得的文字记载史料。简言之，里运河沿岸修筑堤坝始于明代，明代修治不断。至清康熙、雍正年间，仍旧因势利导，注重湖水宣泄和河道、湖泊间的脉络贯通。

图 15 同属于《黄河下游闸坝图》，名为《高宝各坝下河图》，更为详尽地绘制了乾隆初年里运河中段湖泊、河道的状况。图中左下角注记：

图 15　《黄河下游闸坝图》之《高宝各坝下河图》

> 高宝一带闸坝皆泄湖河涨溢之水，其各口门俱宽四五六尺不等，节宣有制，惟五里、车逻、南关等坝，俱宽六十余丈，泄水过多。今洪泽湖之天然坝，既不轻启，又于运河口门内，添建闸坝。是来源既减则此三坝亦毋庸轻放。设遇洪湖异涨，三滚坝泄水过多则将车逻、南关二坝启放，足减水势，其五里中坝地势卑下，泄水过大，若一轻放则下河不能容受，应请常行堵闭。河院高（斌）奏明，现在遵照。

记录高邮湖、宝应湖一带的闸坝功用，主要用于排泄湖泊、河流的涨溢之水，保护运道安澜。虽说里运河沿线行运条件较佳，但较之于“不烦人力”的江南运河，还是需要时刻注意闸坝启闭、水位异涨等状况。

## 三、中河

康熙十九年（1680），河臣靳辅（1633—1692）开皂河四十里，后因皂河口为黄河水倒灌，容易淤积，所以于次年挑新河三千余丈，并移运口于张家庄，即张庄运口。康熙二十五年（1686），靳辅加筑清河县西的黄河北岸遥堤，后于遥堤和缕堤之间挑挖中河，此即旧中河。康熙三十九年（1700），于成龙以中河南逼黄河，难以筑堤，于中河下段，改凿六十里，名曰新中河。

中河开凿的意义在于黄运分离，开凿之前该段运河一直借黄济运，期间还要经过吕梁洪等险滩，加之黄河善徙无定，因此运道时常不畅。中河借助源自山东境内的东、西泇河的水源，以及沿线骆马湖等处湖泊的水量调节，结束了借黄济运的历史。

中河河段在运河图中，多绘制沿线闸坝。如图 16 所示，在国图藏《运河图》中有“刘老涧”字样，这是一处较为重要的中河河工。该处石坝主要连通大运河中河河段与六塘河，建于康熙三十九年，河臣张鹏翮（1649—1725）负责修筑，该工程目的在于宣泄运河多余之水，经刘老涧石坝将水排至六塘河，进而归海。

另在《黄河下游闸坝图》中有专题图《刘老涧石坝王营减坝图》，如图 17 所示，可以更加清晰地看到“刘老涧”的位置，连通中河与六塘河，图中贴签注记，誊录于下：

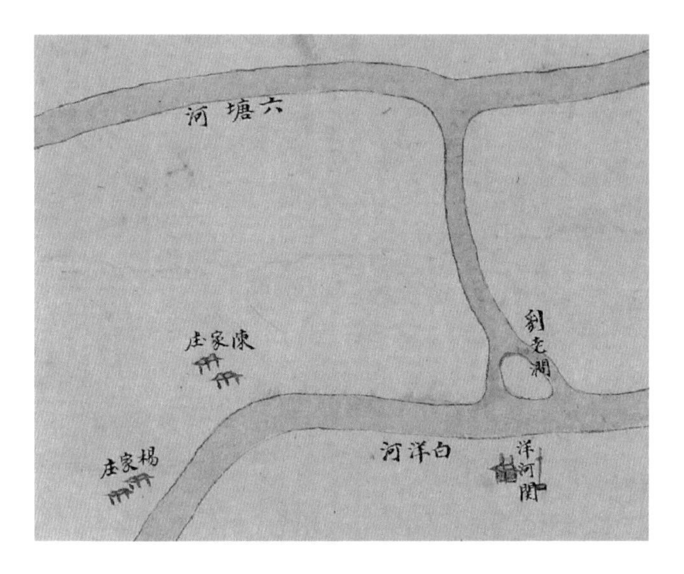


图 16　国图藏《运河图》之刘老涧

> 刘老涧石坝系康熙三十九年间前河院张（鹏翮）请建，以泄运河之水，由六塘河以达于海。嗣因六塘水势浩瀚，难于容纳。河院高（斌）于乾隆十一年奏明常时堵闭，无庸启放。

其记述与国图藏《运河图》注记吻合，图16中“刘老涧”处是处于贯通状态，而根据图17中注记，刘老涧石坝因为六塘河水势浩瀚，于乾隆十一年（1746）常时堵闭。因此，图16中“刘老涧”的贯通状态似乎不合实情。

国图藏《运河图》在中河河段，还注重绘制了骆马湖周边水利工程、中河内的闸坝及淮安清口等处。

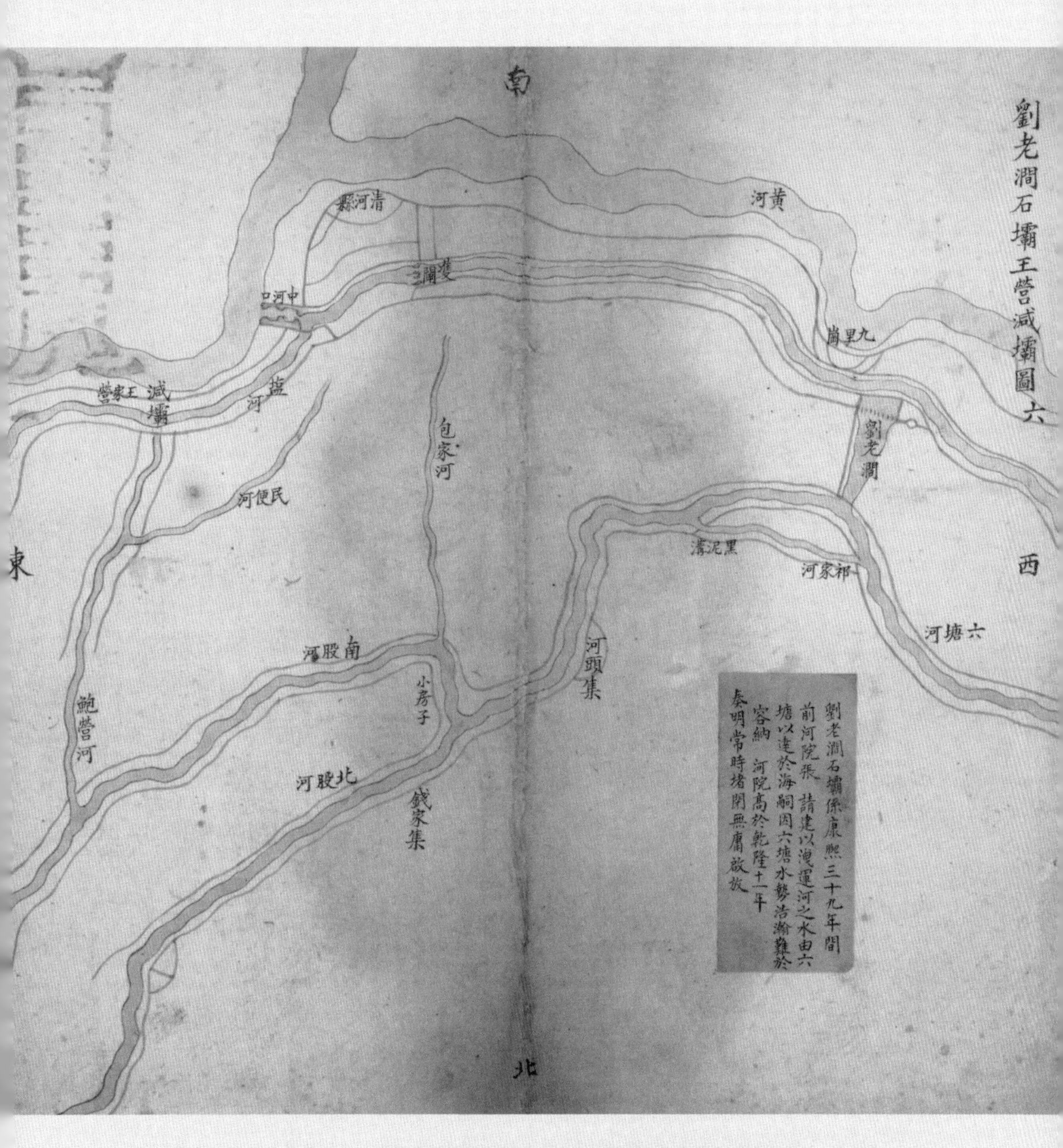


图 17　《黄河下游闸坝图》之《刘老涧石坝王营减坝图》

## 四、山东运河

山东运河在清代运河图中重点绘制泉源、闸坝等，这与山东运河被称为“泉河”和“闸河”所具有的显著地域特征有关。

相对而言，山东运河段水源不足，临清往南主要依靠汶水的输入，沿途可以借助昭阳湖、独山湖、南阳湖等湖泊蓄泄补充，但是都无法从根本上改变水源不足的问题。因此，必须“开源”，通过在各条河流上不断疏导泉源，扩大水源供应。这就是山东运河被称为“泉河”的由来。

另外，山东运河经过山东丘陵西部，地势高差较大。大运河全程的地势状况，中间最高的部分即是山东运河。面对这种高差悬殊的地势，不得不逐级设闸置坝，人工控制河流宣泄，节蓄水流，同时便于漕船逐级通过该段运道。也因此，山东运河又被称为“闸河”。

如图 18 所示，峄县周边详尽绘制标注“石堂泉”“南山泉”“十里泉”等泉源，河道中则绘制有“侯迁闸”“顿庄闸”“丁庙闸”等密集排列的闸坝。这符合山东运河“泉河”“闸河”的特征。

再以图 19 为例，该图现藏于台北“中央图书馆”，标题是《山东通省运河泉源水利全图》，主要绘制山东运河河段的湖泊、河流、城池、桥梁、泉源等。从图 19 中兖州府周围水系连通的诸多泉源以及周边河流源头的诸多泉源来看，山东运河段确实不愧被称为“泉河”。

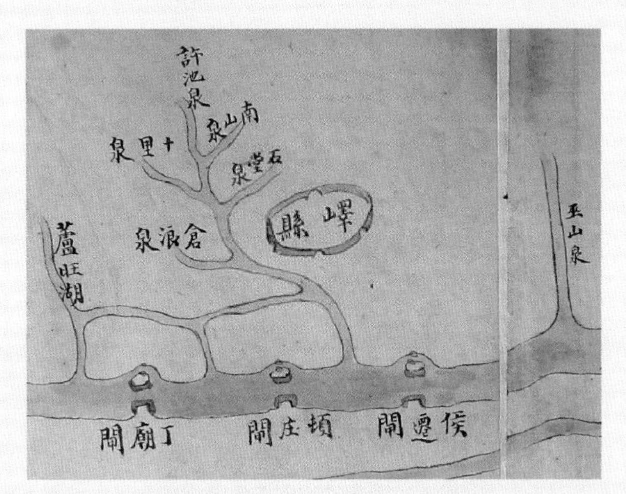


图 18　国图藏《运河图》之峄县

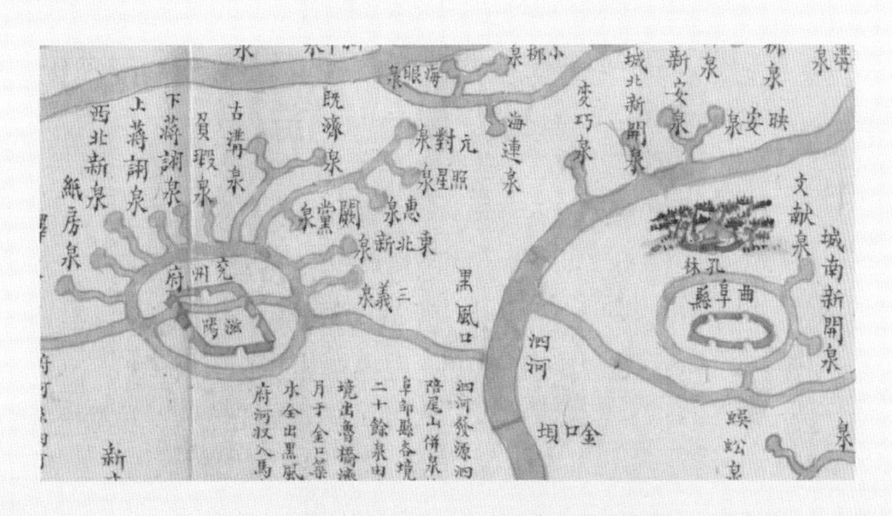


图 19　《山东通省运河泉源水利全图》之兖州府

## 五、南运河

南运河主要借助卫河行运，有时也被称为“卫漕”。据《明史》记载：“所谓卫漕也，其河流浊势盛，运道得之，始无浅涩虞。然自德州下渐与海平，卑窄易冲溃。”很明显地指出，卫河“流浊”，含沙量较大，比较浑浊。另一水源为漳河，漳河又有清漳、浊漳之分，如其名浊漳，可知其流较浑浊。也正是基于这样的水文条件，运河图在绘制南运河河道时，常用黄色来代表河流浑浊的特性。

如图 20 所示，临清州位于三岔河交汇处，上游卫河及浊漳来水，河流浑浊，绘制为淡黄色。图中贴签，誊录于下：

> 临清州是运河出口处，过临清闸即为卫河。卫河之水发源于河南卫辉府，由临清而下，直至天津城北三岔河入海，计长八百余里。过临清闸往北无闸。卫河之水过临漳分流为二,一北出，经大名至武邑以入滹沱，一东流，经大名东北出临清，水横而不清，由临清出口十二站，卫河共八百九十里到天津府。

据贴说可知南运河主要借助卫河行运，其突出特点是“过临清闸往北无闸”，这明显与被称为“闸河”的山东运河不同。因为该段运道借助自然河流，虽有泛溢，但经长时间历史选择，河道较为合

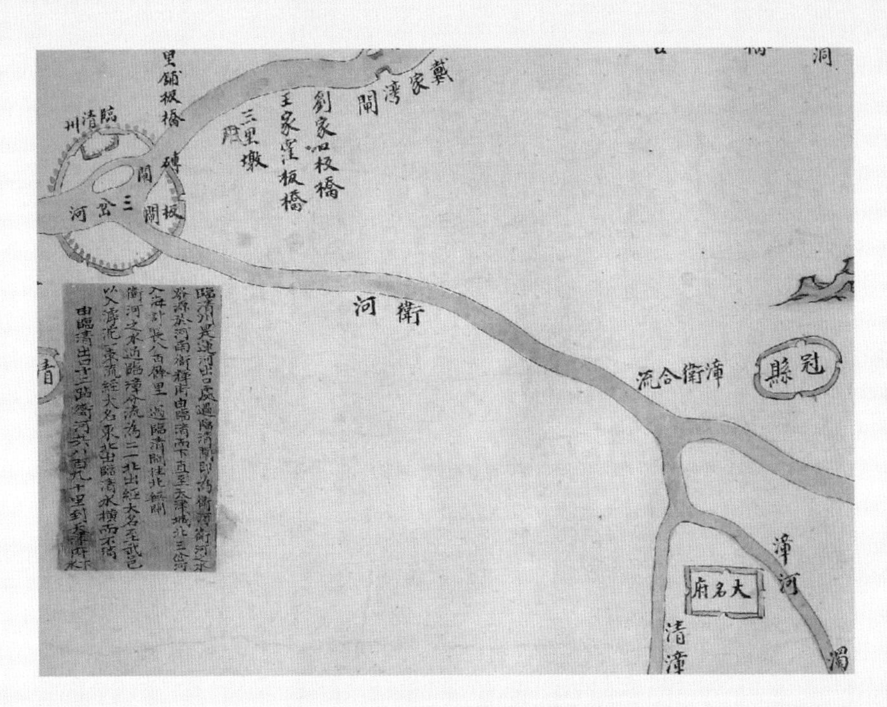


图 20　国图藏《运河图》之临清州

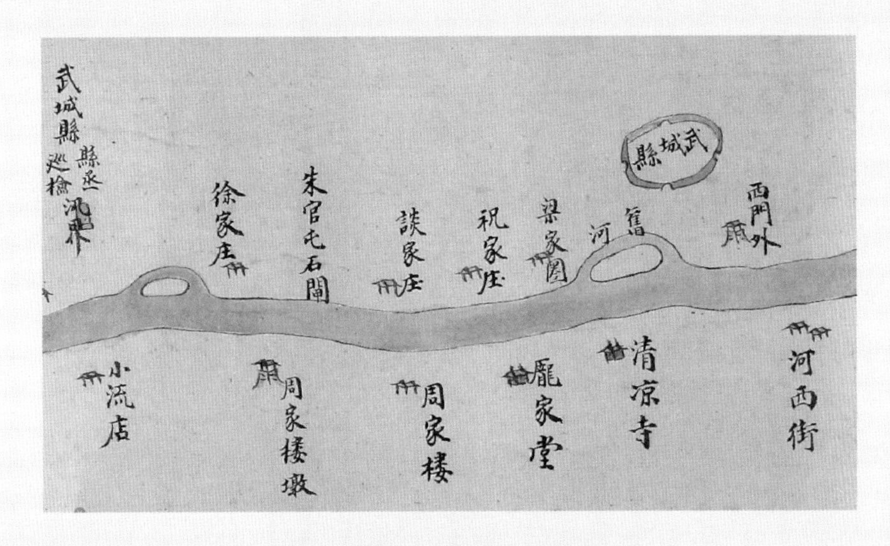


图 21　国图藏《运河图》之卫河流域

理，且位于华北平原较为平坦的地带，更无须逐级设闸，行运条件相对较佳。“过临清闸往北无闸”的特点，从图 21 也可直观地看到。

这种绘制和用色方式，在图 22《清代大运河全图》中也有体现。

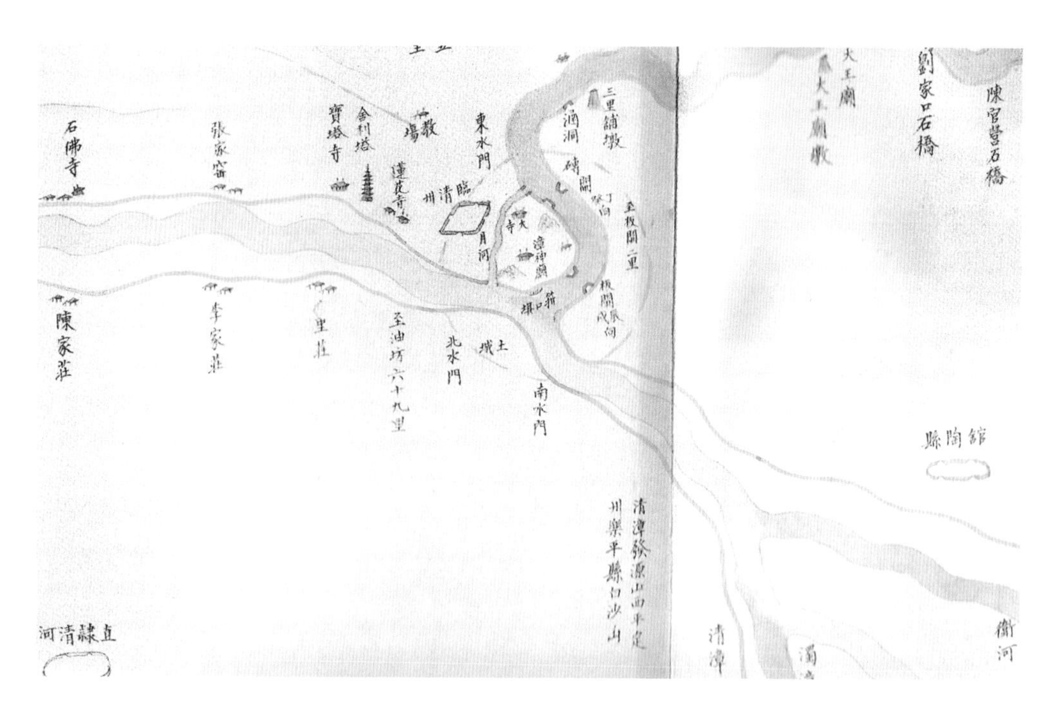


图 22 《清代大运河全图》之临清

## 六、北运河

该段运河为天津至通州的河段。如图23所示，北运河在运河图上所展现的主要内容为：色调较为清淡的运道，沿途州县及湖泊、引河等，对沿途闸坝的表现尤为突出。该段运河的水源主要来自于白河，“自天津府至通州坝，计四站，俗称白河”，因此也被称为“白漕”。

国图藏《运河图》的价值不仅体现在图像上，也表现在图中详尽的贴签注记：

北河，即白河，又名潞河，源出宣化府赤城县，流经塞外入密云县之石塘岭，过县西入通州界，由武清下天津西沽，凡三百六十里，会汶水、卫水入海。粮船到此又转上水上通州坝。天津府到通州坝三百八十七里。

天津至通州水程：天津至杨村八十七里，杨村至河西务一百里，河西务至马头一百里，马头至通州坝一百里，共三百八十七里。

结合图23及注记可见，北运河北起通州，南达天津，水源主要来自白河。图23北运河沿线并没有太多的水利设施，总体来说，行运条件较好。如《清史稿》记载：“白漕、卫漕仅从事疏淤塞决”，基本因循旧例，定期修防即可。

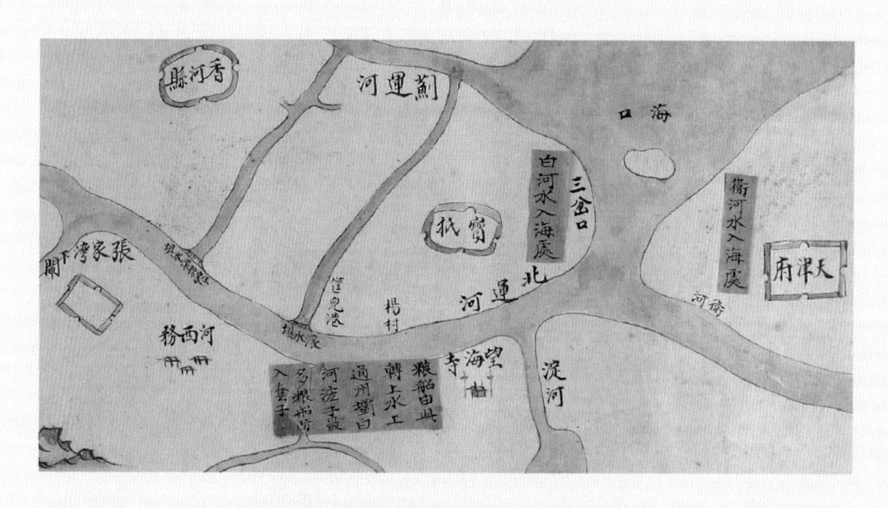


图 23　国图藏《运河图》之北运河

## 七、通惠河

通惠河为元代郭守敬所开凿，初期利用昌平白浮泉水济运，明代因为保护皇陵弃而不用，只能依靠玉泉山的水源保持水源供应，加剧了通惠河水量不足的状况。同时，从北京到通州的河段，从海拔 30 米下降到海拔 10 米左右，这和山东运河状况类似，因为高差较大，需要逐级设置闸坝，人工调节水量，同时便于漕船逐级通过。这种闸坝设置情况，从图 24 中可以看到。同时，据记载，因为通惠河水源问题难以根本解决，漕船往往抵达通州石坝卸船后南返，这也就避开了将近 20 米的高差。

如图 24 国图藏《运河图》所示，通惠河段的绘制特色是祥云中环绕的京师。北京的表现方式较为独特，一方面占据图幅的很大图面，与其他州县相比，明显不成比例；另一方面城墙和城门符号组成的皇城四周会有祥云环绕，城市仿佛位于仙境之中。这与北京的皇城身份有关，背后体现的是皇权的至高无上。这种绘制技法在其他运河图中也常使用。如图 25 大英图书馆藏《运河图》所示，使用的绘制技法更为抽象，仅在祥云缭绕中绘制了几组宫殿，更烘托出皇城宛若在仙境的意境。

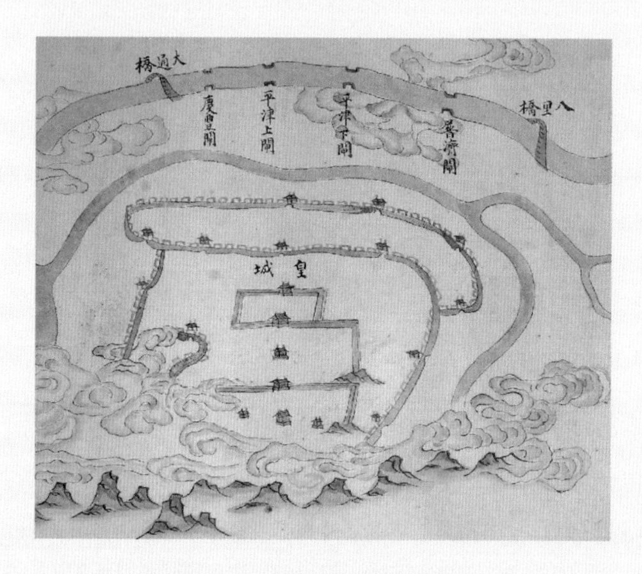


图 24　国图藏《运河图》之皇城

图 25　大英图书馆藏《运河图》之京师

# 第三章

# 地图中的黄河

清代黄河下游基本上是东西流向，与连通南北的大运河交汇于淮安地区。如果说黄河对于下游农田兼具抚育和破坏功能的话，对于运河尤其是运道，黄河则基本上是负面的存在。因为黄河是自然河流，水势较强，运河多为人工河渠，来水不稳定且较孱弱，因此在交汇地区，黄强运弱，导致黄河水倒灌入运道，时常阻滞漕运。同时，黄河含沙量高，下游水流速度放缓，泥沙沉积较多，逐渐成为地上河，也是泛滥和冲决运道的重要因素。这种水性的差异，尤其是黄河的桀骜不驯，导致了明清两代基本实行“治河保运”的治河方略。因此在运河图中往往也会绘制部分黄河河段，在国图藏《运河图》中也是如此。

## 一、入海口

黄河一直是运河图的重要绘制内容，尤其是其下游河道。如图26所示，其中绘制了经阜宁县、安东县的黄河入海口附近。因为只有黄河顺畅入海，才不会导致决溢、冲入运道等，才可保障运道安澜。图26中虽然仅是寥寥数笔，在整幅运河图中并不突出，但是意义重大。

其他运河图中关于黄河入海口附近的河道、闸坝等绘制的更为详实。比如图27是大英图书馆藏《运河图》，该图大致反映的是康熙四十二年（1703）的运河状况，绘制十分精美，用色考究，色泽艳丽，且注记详实。如图27所示，仅在“安东县”附近的黄河河道就标注了“刑家马头工”“郑家马头工”“上张庄险工”“韩家庄险工”“便益门南门东门埽工”“新港险工”“周家渡险工”“唐家堡险工”等。这一方面说明了该图绘制详实，史料价值高，另一方面则说明黄河河工之频繁、治理任务之繁重。

图28绘制表现的是康熙四十二年前后的入海口状况。《黄运湖河全图》，现藏于美国国会图书馆，绢本彩绘，该图是由河臣萨载（？—1786）、高晋（1707—1778）等编绘，图幅呈送乾隆皇帝御览，其中的专题图《海口并二套图》（见图29）大致反映的是乾隆四十六年至乾隆五十年间（1781—1785）的入海口状况。

经过自康熙后期至乾隆后期八十余年的演变，对比图28与图

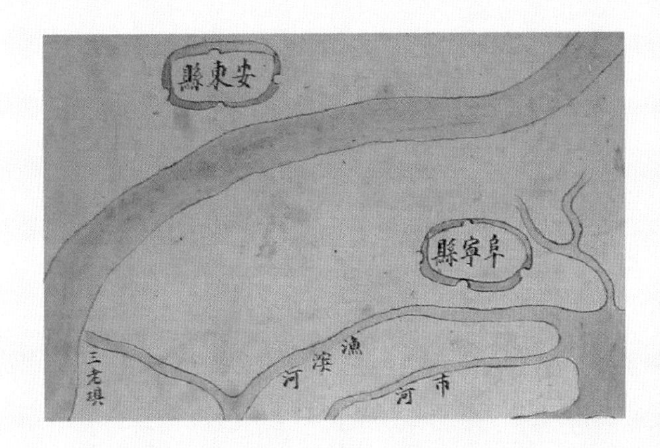


图 26　国图藏《运河图》之黄河下游河段

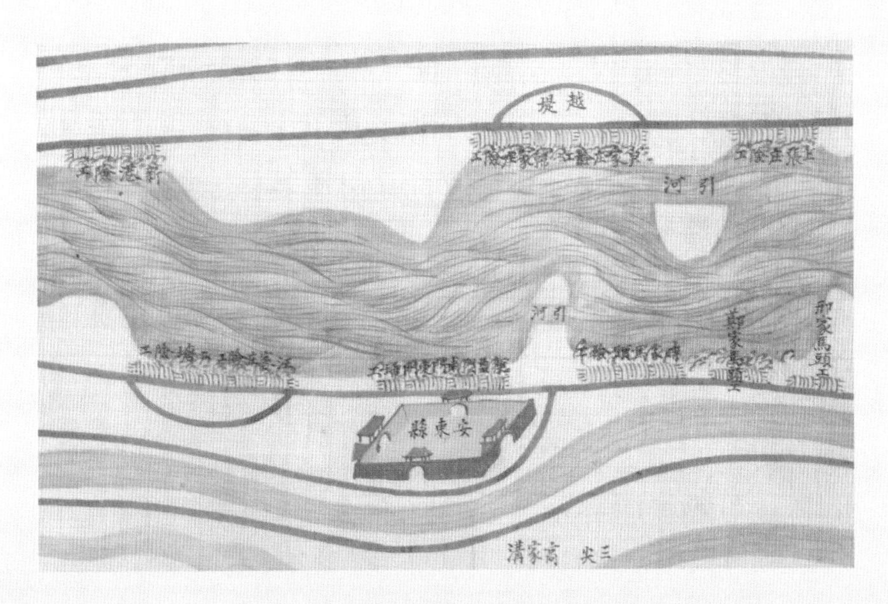


图 27　大英图书馆藏《运河图》之安东县

图 28　大英图书馆藏《运河图》之黄河入海

29，入海口地区已经发生很大改变。这种变化一方面基于黄河泥沙俱下的水性，另一方面归因于人们的积极治理。

图 29 后附有《海口并二套图说》，结合文字图说，可更加明晰入海口的工程修筑。河臣萨载奏称："云梯关以外河口为黄河尾闾，近因海口纡远而道浅，二套、三套漫口由北潮河入海之处捷近而水深，似应亟筹更易海口。"结合图 29 可见，黄河尾闾弯曲绵长，不利于黄河泄水，且黄河较浅，入海口处，海水容易倒灌，淹没两岸农田，导致黄河入海不畅。因此，萨载建议另寻他途，改由北潮河入海，"舍北潮河别无他途"。

《南河黄运湖河蓄泄机宜图说》现藏于台北"中央图书馆"，一

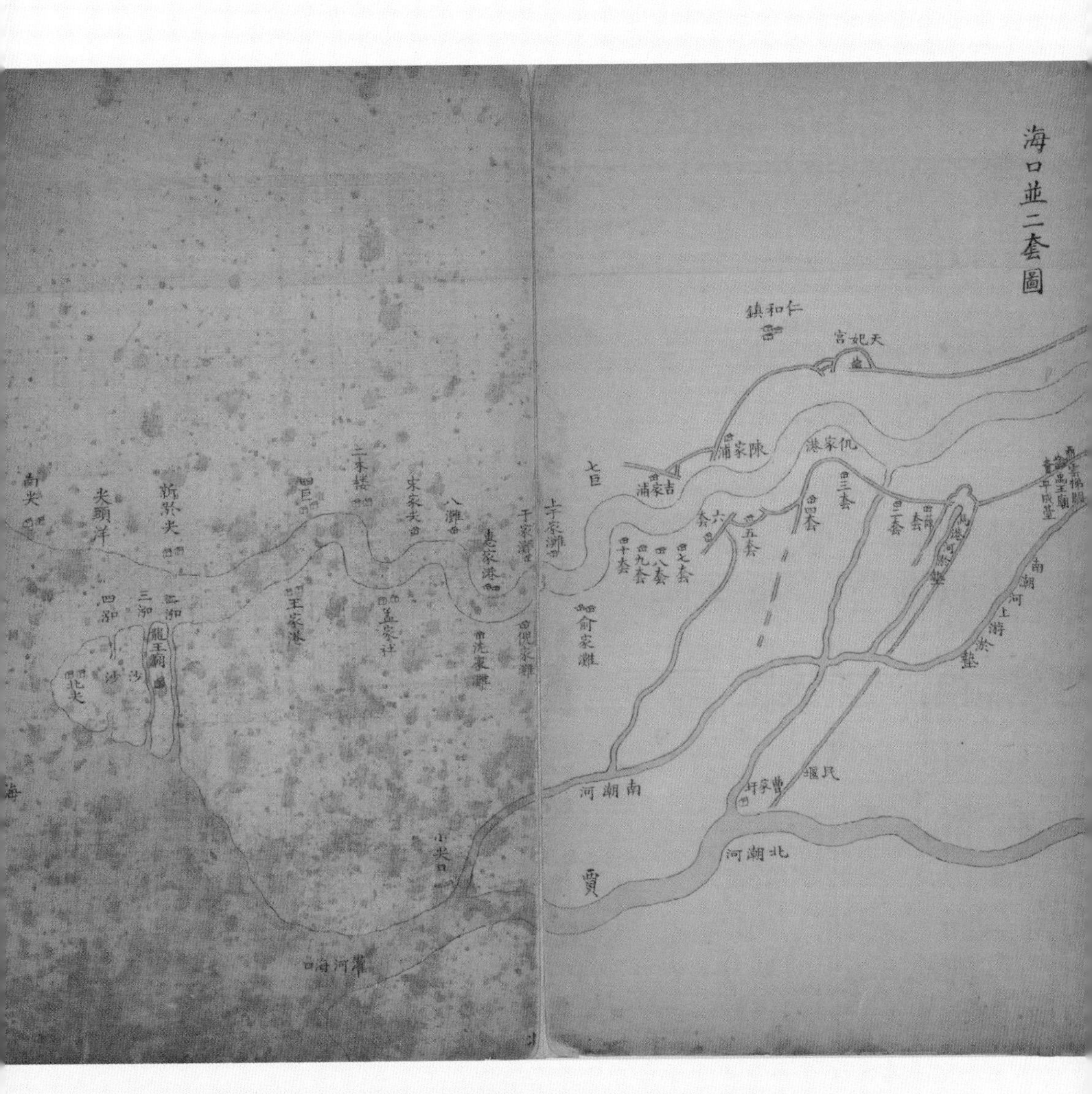


图 29 《黄运湖河全图》之《海口并二套图》

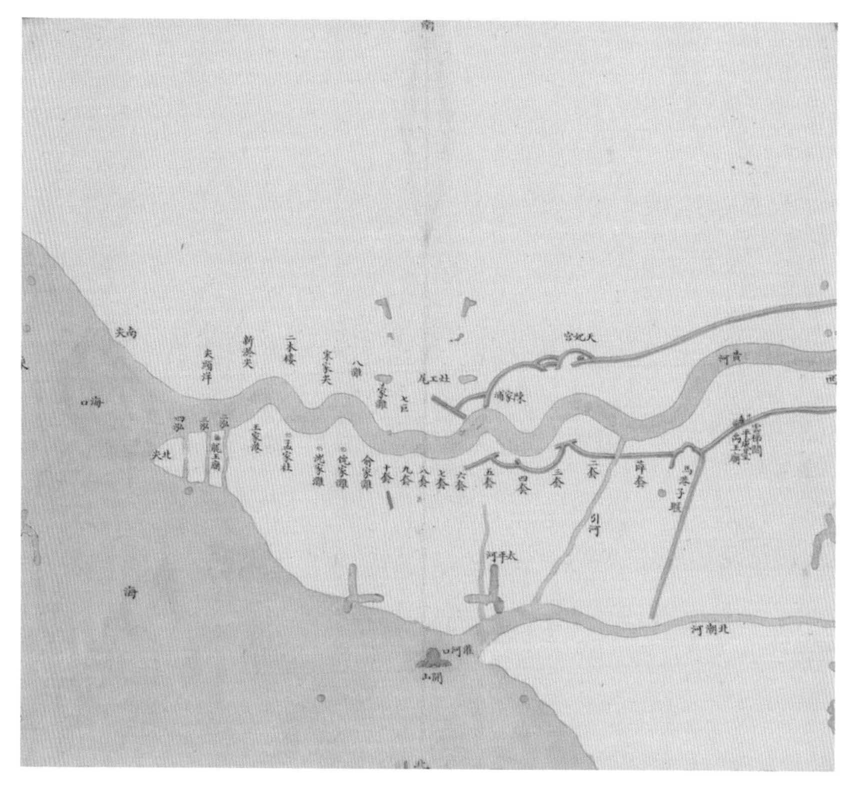


图 30　《南河黄运湖河蓄泄机宜图说》之入海口

册，经折装，28.5 cm × 16 cm，采用一图一说的形式，共计 16 幅地图及对应图说。该图曾经嘉庆皇帝御览，绘制内容应该为乾隆五十四年至乾隆六十年间（1789—1795）。图 30 正是其中专门绘制黄河入海口状况的地图。

结合图 29 及图 30，可补充了解《运河图》并未呈现的乾隆朝黄河入海口状况。

## 二、峰山四闸

如图 31 所示，地图中对于黄河河道中的“峰山四闸”绘制较为细致，在“鲤鱼山”对面，绘制了鱼叉状的河形。究竟该闸有何作用，并未绘制说明。以下结合其他地图进行说明。

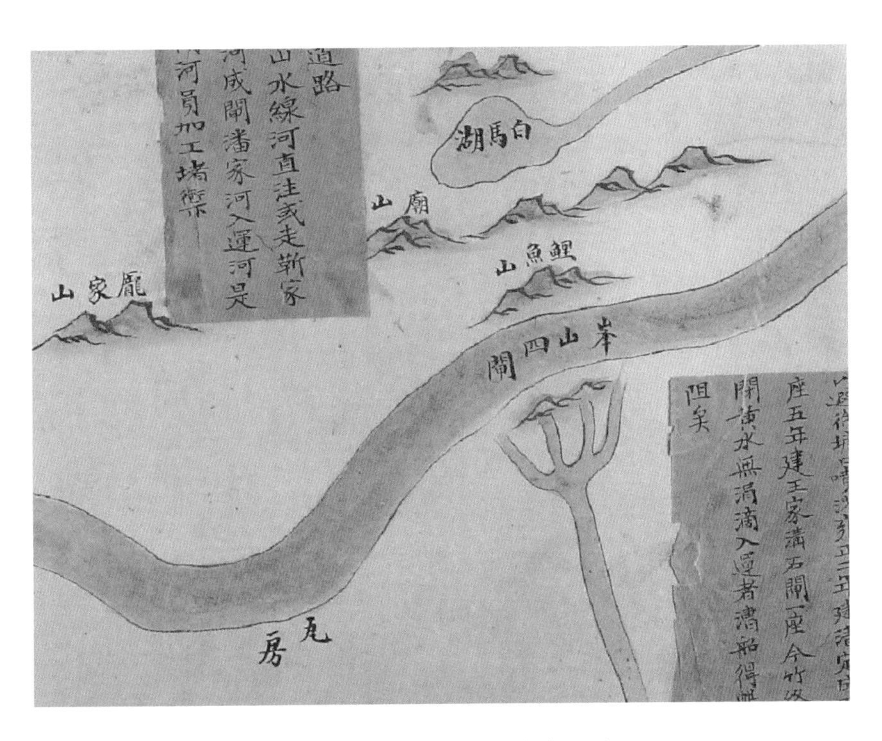


图 31　国图藏《运河图》之峰山四闸

图32同样出自《南河黄运湖河蓄泄机宜图说》，绘制主题正是峰山四闸，其中非常清晰地绘制表现了脉络贯通的水系河湖、水道脉络等。上文提及图32大致反映了乾隆五十四年至乾隆六十年间（1789—1795）的运河状况，这与国图藏《运河图》表现时间基本吻合。

图32属于专题图，绘制更加详实，可补国图藏《运河图》之缺。结合所附图说，大致可了解其位置、修筑原因等。“黄河至睢宁县南岸有峰山、龙虎山，北岸有鲤鱼山，河行中央，两岸夹束，恐致骤涨为患”，可见，黄河至此行经山间，河道变窄，如遇水大之时，容易水流不畅。考虑到这种特殊地形，“康熙二十三年间，经前河臣靳辅因山凿建石闸四座，以减泄黄水由焦管营入孟山等湖，达于洪泽湖”。可见峰山四闸为泄水闸，当黄河水大时，启放石闸，泄水入孟山湖，调节黄河水位。峰山四闸在乾隆三年（1737）曾经修整，后至乾隆十一年（1746）规定：“该闸泄水无多，不遇盛涨之年，毋庸启放。”

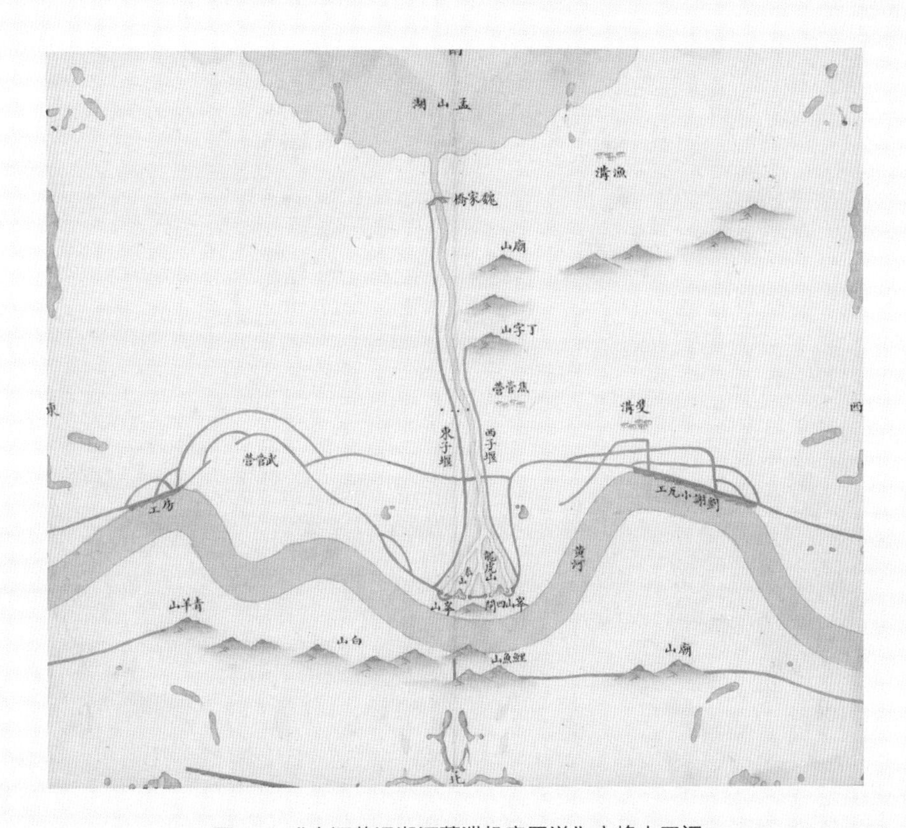


图 32　《南河黄运湖河蓄泄机宜图说》之峰山四闸

# 第四章

# 地图中的名胜

国图藏《运河图》中，不仅绘制运道沿线的府厅州县等行政建置、闸坝堤埽等水利设施，同时对于历史名胜等亦有描绘。这些名胜或者历史悠久、声名远扬，或者处于运道关键节点，地居险要，或者因皇帝登临而声名鹊起。本章将以国图藏《运河图》中所绘名胜为线索，钩沉它们的影像。

## 一、镇江甘露寺、焦山、金山

镇江府位于江南运河最北端，在长江南岸，府境内及长江中有诸多名胜。在国图藏《运河图》中着墨较多，如图 33 所示，有红房子标识的“甘露寺”及长江中的“焦山”和修有高塔的“金山”，较为醒目。

这三处在其他清代古地图中，也是绘制重点。如图 34《京口江工图》，反映的

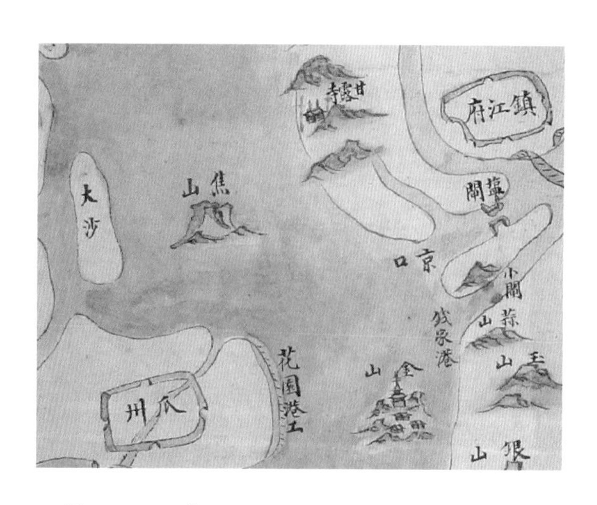


图 33　国图藏《运河图》之甘露寺、焦山、金山

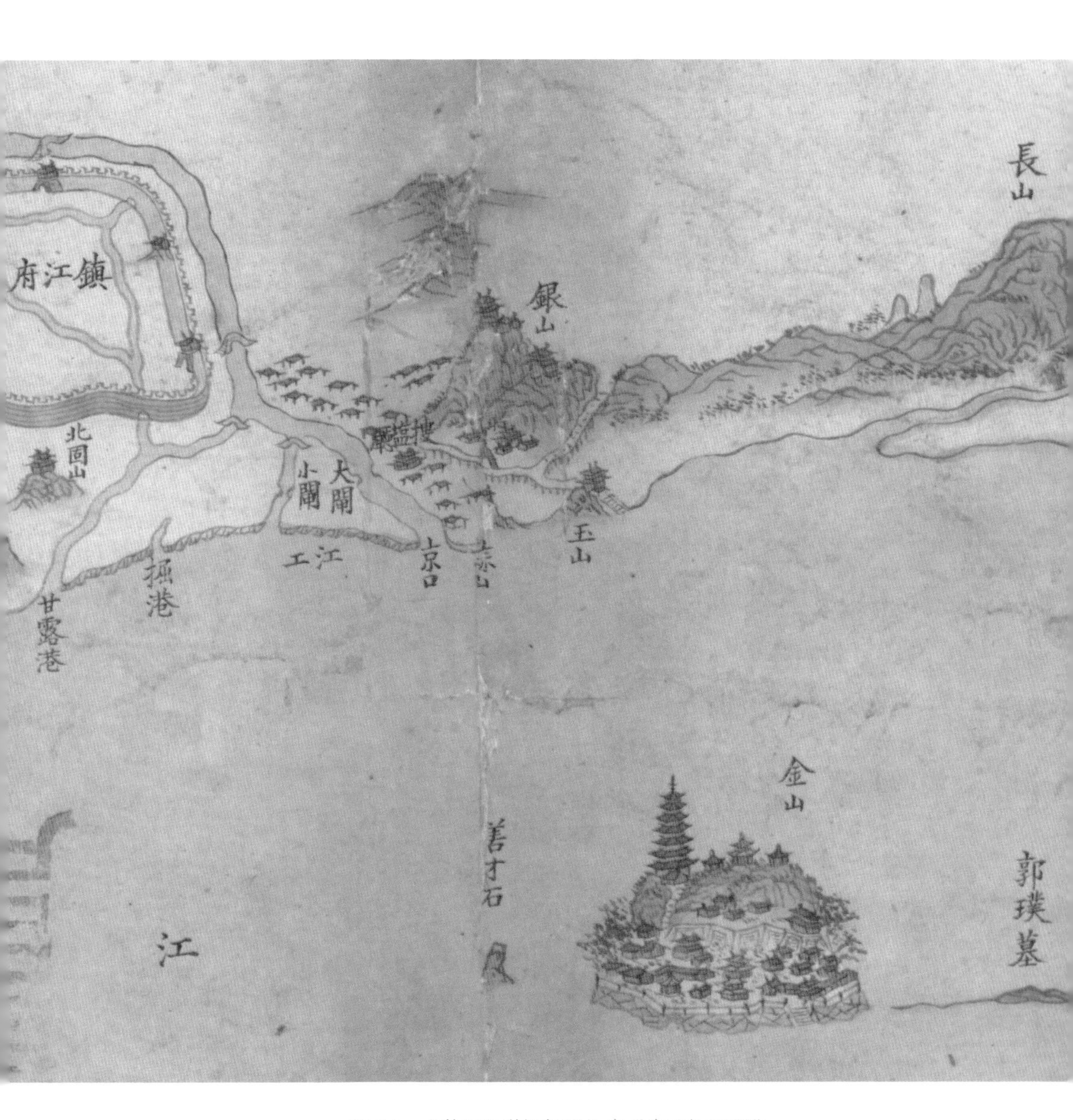


图 34　《黄河下游闸坝图》之《京口江工图》

是乾隆年间状况，镇江府北的“甘露寺”以及长江中的“焦山”和塔院密集的“金山”，都在图中细致描绘。

《淮扬水道图》，现藏于大英图书馆，图幅的绘制表现年代大概是嘉庆十二年至嘉庆十四年（1807—1809）。图幅用色清丽，线条舒爽，如图35所示，江中的“焦山”和“金山”同样醒目。

《全漕运道图》现藏于美国国会图书馆，纸本彩绘，光绪甲申年（1884）由段必魁绘制。其中对于镇江府的三处名胜绘制的更为形象精致，皆为蓝顶红墙的房屋和多层宝塔（见图36）。

综合上面四幅古地图可见，镇江府的这三处名胜在清朝乾隆、嘉庆乃至光绪年间的古地图中都是绘制重点。

至于三处名胜的具体图影，道光朝河臣麟庆曾到访这三地，并在《鸿雪因缘图记》中绘制成图。麟庆曾经宦游大江南北，性喜山水，所到之处皆登临游览，留心考察，并将平生见闻绘制成图，以图文并茂的方式，记录大千世界。《鸿雪因缘图记》所载240图，内容涉及山水屋木、人物走兽、舟车桥梁，包罗万象，纤毫毕具，保存和反映了道光年间广阔的社会面貌。因为麟庆曾担任江南河道总督，亲历其事近十载，深谙河渠治理，足迹踏遍运道沿线，所以在《鸿雪因缘图记》中也留下了一些绘制主题为河渠治理及沿线名胜的珍贵图像资料。以下结合麟庆绘图，同时录写乾隆南巡时的相关诗作，介绍镇江府的这三处名胜。

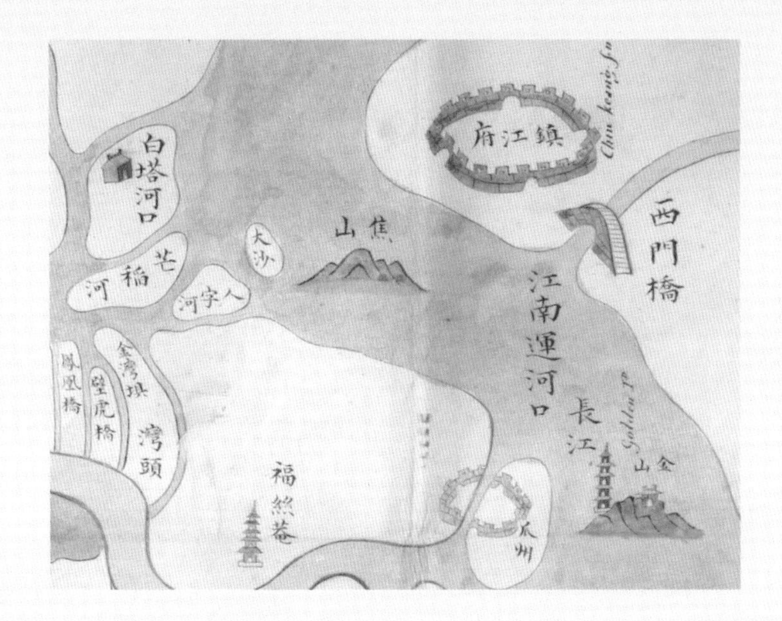


图 35　《淮扬水道图》之焦山、金山

图 36　《全漕运道图》之甘露寺、焦山、金山

图 37 《鸿雪因缘图记》之《甘露凌云》

### （一）甘露寺

图37的图题为《甘露凌云》，描绘麟庆登临甘露寺所看到的壮阔景象。从中可看到甘露寺北为长江，江中有扁舟两只，甘露寺位于临江山峦的峰顶，逐级而上的台阶及庙宇、高塔皆绘制入微。

又有麟庆题记，述其历史，誊录于下：

> 北固山在镇江府城北，三面临江，崖壑陡绝。晋蔡谟建楼其上，梁武帝登楼延望，更名北顾。吴孙皓建寺山旁，因值改元甘露，遂以命名。宋祥符间，移大殿于山顶，因山为廊，直通殿左。吴琚榜曰：天下第一江山。又唐节度使李德裕在山东铸铁为塔，高七级，以镇江潮。因名卫公塔。东为走马涧甘露港，其水俱入大江。
>
> 丙申六月，余勘京口埽工，乃过定波门，东行有土坡，中隆若脊，仅容一骑，缘坡到门，望宝殿巍峨，俨在云际，循廊左转过殿，登多景楼，楼北向面临大江，金、焦二山，拔出江心，岌業于左右。金山寺里山以壮丽胜，焦山山里寺以幽冶胜。且江流滚滚，横亘于前，南临铁瓮，北接瓜步，西连天荡，东控海门，浩浩乎，荡荡乎，觉目力有尽，水流无尽，诚哉巨观也。寻过卫公塔，读塔铭，谒三贤祠，祠祀李卫公、苏东坡、米南宫，额曰称此江山。又有巨石状如羊，或指曰此很石，为诸葛武侯与吴王孙权坐谋破曹处。夫石一蠢物，乃经武侯一坐，其名遂传千古。是知江山虽胜，而所以传此名胜者，则又实在乎人矣。

图 38　古甘露禅寺

图 39　甘露寺“天下第一江山”

通过题记可知，甘露寺位于镇江府北的北固山上，该山三面临江，乃形胜险要之地。其得名“甘露寺”，源于东吴孙皓的年号“甘露”，甘露寺落成时，“因值改元甘露，遂以命名”（见图 38）。历史上，甘露年号仅用两年，265 年四月至 266 年七月。根据麟庆记载，推测“甘露寺”得名当在 265 年。至于题记中提到的吴琚所书“天下第一江山”，至今犹存，参见图 39。

又据题记第二段，时任江南河道总督的麟庆于“丙申六月”到此，时在道光十六年（1836）。麟庆登多景楼，北望长江，见金山、焦山，双峰并峙于江心，登高怀古。

### （二）焦山

麟庆同样于“丙申六月”，道光十六年（1836）到访焦山，并绘制有《焦山放鼍》图，如图 40 所示，图幅之中一座孤山位于江中，山中殿前有几个人影，江中小舟数只。

麟庆撰写的题记如下：

> 焦山在镇江府东北扬子江中，古名樵山，距北固山九里，与金山对峙，相距十五里，对岸为象山。因汉处士焦光隐此，称焦山，又名谯山。山前临江有寺曰普济，刱自东汉。康熙四十二年圣祖南巡，赐名定慧寺，前有人胜坊，右为不波亭，马头左有自然菴、松廖阁、水晶菴、问波亭诸胜。
>
> 丙申六月，余自北固放舟，逆风使帆，折如之字，抵山登马头玩，明胡缵宗书：海不扬波四大字。初余之自清江起节也，

图 40　《鸿雪因缘图记》之《焦山放鼋》

图 41　焦山“海不扬波”

见有围布鸣金邀观异物者，命弁往视，图形而归，查知为鼍，购以十金，载以副舟，至是来会。爰命放之大江，去而复返者，再乃置之放生池，悠然而逝。

焦山在清代位于长江中，因为东汉焦光隐居于此而得名。山前有普济寺，后康熙赐名定慧寺。麟庆游览至此，见到明代胡缵宗所书“海不扬波”（如图 41 所示）四个大字，并记述其在清江浦时，有人“围布鸣金邀观异物”，查知为“鼍”，以十金购之。鼍是爬行动物，鳄鱼的一种，又名扬子鳄。可知，麟庆买了一条扬子鳄，后将之放入大江中，扬子鳄去而复返，直到放入放生池，方才游走。故而，麟庆绘制《焦山放鼍》图，以志其事。

乾隆偏爱此地，六下江南，八次登山，曾描绘金山、焦山：“金山似谢安，丝管春风醉华屋。焦山似羲之，偃卧东床坦其腹。”1762年，乾隆第三次南巡，游览焦山盛景，题《游焦山》诗五首，兹录其三于此：

我昔金焦互量比，曾云在此不在彼。昨来浮玉凭朱栏，又觉人间鲜并美。

如来转境故称佛，被境转者众生是。慧禅寺礼调御夫，焦先祠缅隐逸士。

到斯雅合诸虑静，我则万几将谁委。江山不改心亦然，返棹吾将勤政理。

这几首诗作简单直白，比如登览焦山后，“又觉人间鲜并美”；又如“江山不改心亦然，返棹吾将勤政理”的诗句，好似政治宣言：江山永固，我心不改，船只靠岸，抓紧理政。

### （三）金山

麟庆游览金山，作《妙高望月》，题记如下：

金山古称氐父，亦名浮玉，在扬子江中，因唐裴头陀开山得金故名。东麓有善才石，一名鹘峰，西有石排山，相传为郭璞墓。山顶有塔，曰慈寿，有峰曰金鳌，旁有妙高台，空阔凌云，烟波四绕，寺建于六朝，本名泽心，后改龙游。康熙间圣祖南巡，赐“江天一览”四字，因改名江天寺。寻又颁御书宝带名蓝额。自是名声益重。

丙申六月十有七日，余放棹瓜步遥望，修廊杰阁金碧交辉，与夕照江光相激射。登山入丈室，观苏东坡所留玉带及御赐法物，会日向夕，即投僧房宿。

金山寺始建于东晋，原名泽心寺，唐朝称为金山寺。宋真宗时，因皇帝梦游金山，而赐名“龙游寺”，后复名金山寺。宋徽宗好道，改为神霄玉清万寿宫，宋徽宗、宋钦宗又复名龙游寺，自元代以后仍名金山寺。康熙年间，御赐“江山寺”匾。金山寺规模宏大，全盛时期有和尚三千多人，参禅的僧侣达数万人。麟庆游览至此，后至妙高台赏月，故作《妙高望月》图。

金山寺的建筑风格独特，寺庙依山而建，殿宇厅堂，幢幢相衔，亭台楼阁，层层相接。从山麓到山顶，层层叠叠将金山密密地包裹起来，山与寺浑然一体，形成了“寺里山”的风貌，称为“金山寺里山，见寺见塔不见山”。观察麟庆所绘金山图（图 42）及今人拍摄的金山寺远景（图 43），两者在宝塔、院落布局及围堰等方面高度吻合，也都体现出了“寺里山”的独特风貌。

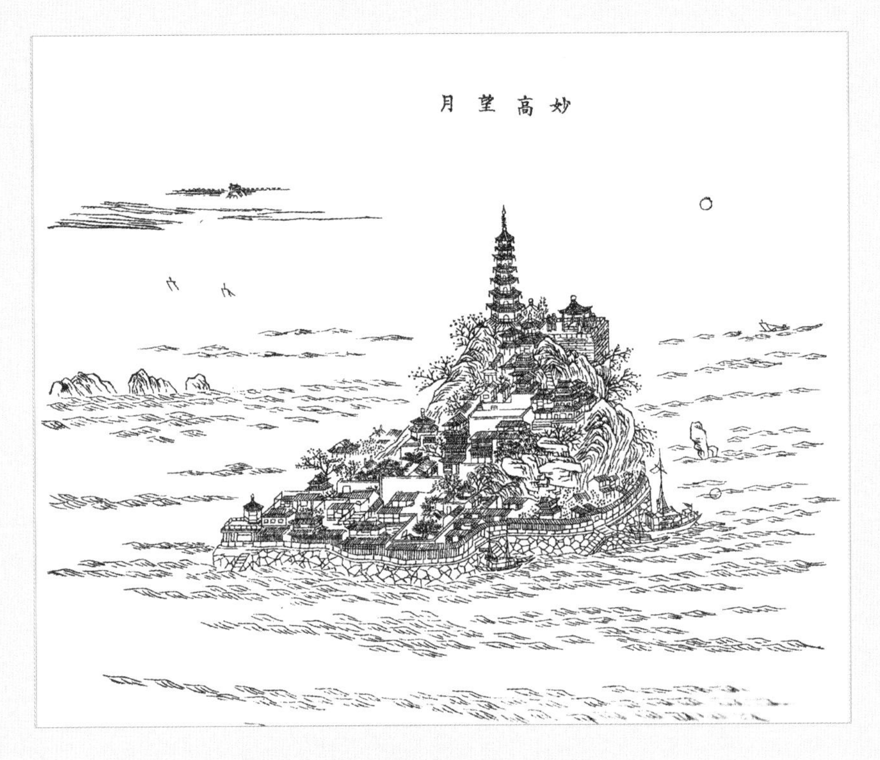


图 42 《鸿雪因缘图记》之《妙高望月》

图 43　金山寺

## 二、扬州高旻寺

如图 44 所示，在扬州府南边“三岔河”处绘制有“高明寺”一座。查阅相关资料和其他地图可知，该处为误书，应书为“高旻寺”。

比如图 45 为《淮扬水道图》，现藏于大英图书馆，表现年代为嘉庆十二年至嘉庆十四年（1807—1809）。该图绘制得极为清楚，“高旻寺”位于扬州府附近的“三岔河”处。

据乾隆朝《黄河下游闸坝图》之《瓜洲江工图》可以看得更为清楚，如图 46 所示，运道从扬州府南下分岔，一通瓜洲，一通仪

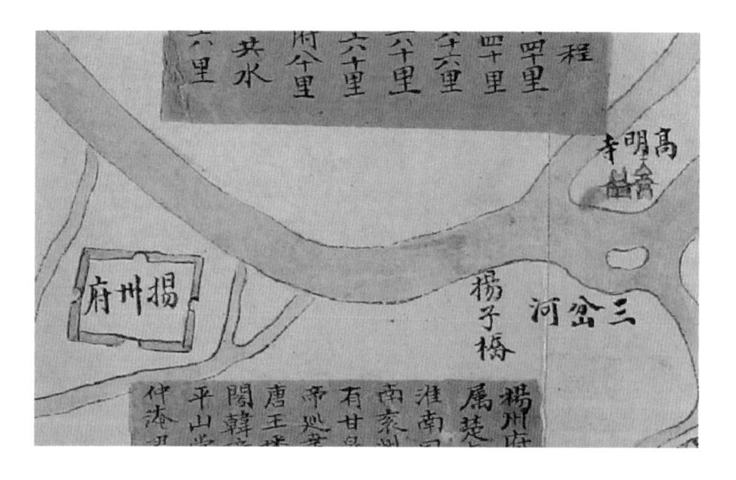


图 44　国图藏《运河图》之高旻寺

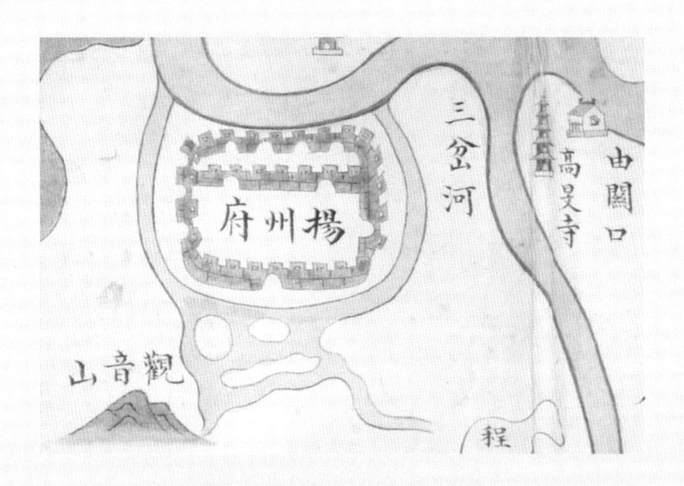


图 45　《淮扬水道图》之高旻寺

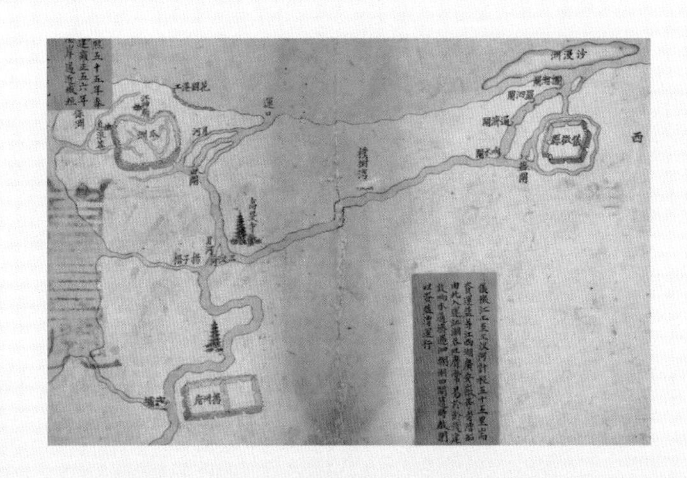

图 46　《黄河下游闸坝图》之《瓜洲江工图》

征，分别到达长江。“高旻寺”正位于分岔的“三岔河”处，可见其在运道上具有地标意义。

相传高旻寺始建于隋代，屡兴屡废。清初重建为行宫，顺治八年（1651），修七级浮屠塔，名曰天中塔。康熙三十八年（1699）第三次南巡路过扬州，见天中塔颓坏，欲修葺，为皇太后祈福。江宁织造曹寅、苏州织造李煦倡议两淮盐商捐资报效，大加修缮。四十三年（1703），康熙皇帝第四次南巡，登临寺内天中塔，登顶四眺，有高入天际之感，故书额赐名为“高旻寺”（见图47）。“高旻寺”得名于汉代王逸《九思·哀岁》中“旻天兮清凉，玄气兮高朗”的词句。其后曹寅等于寺西创建行宫，规模宏大。康熙皇帝第五次、第六次南巡以及乾隆皇帝首次南巡，都曾驻跸于此。

乾隆皇帝南巡时，曾在此地驻跸，宫廷画师绘制有《高旻寺行宫》图，如图48所示，图幅采用鸟瞰式全景绘法，院落、凉亭、树木、院墙、高塔等绘制纤细入微，栩栩如生，阅图仿佛身临其境。图幅右上角题记：

> 高旻寺行宫　在城南十五里，地名三汊河，其旁有塔，曰天中塔。圣祖仁皇帝南巡于此，敬建行宫。恭逢皇上省方重葺其旧，以备临御。

1751年，乾隆皇帝第一次南巡，途径高旻寺，追怀祖父康熙皇帝先迹，写下《塔湾行宫恭依皇祖诗韵》：

图 47　高旻寺

图 48　《乾隆南巡驻跸图》之《高旻寺行宫》

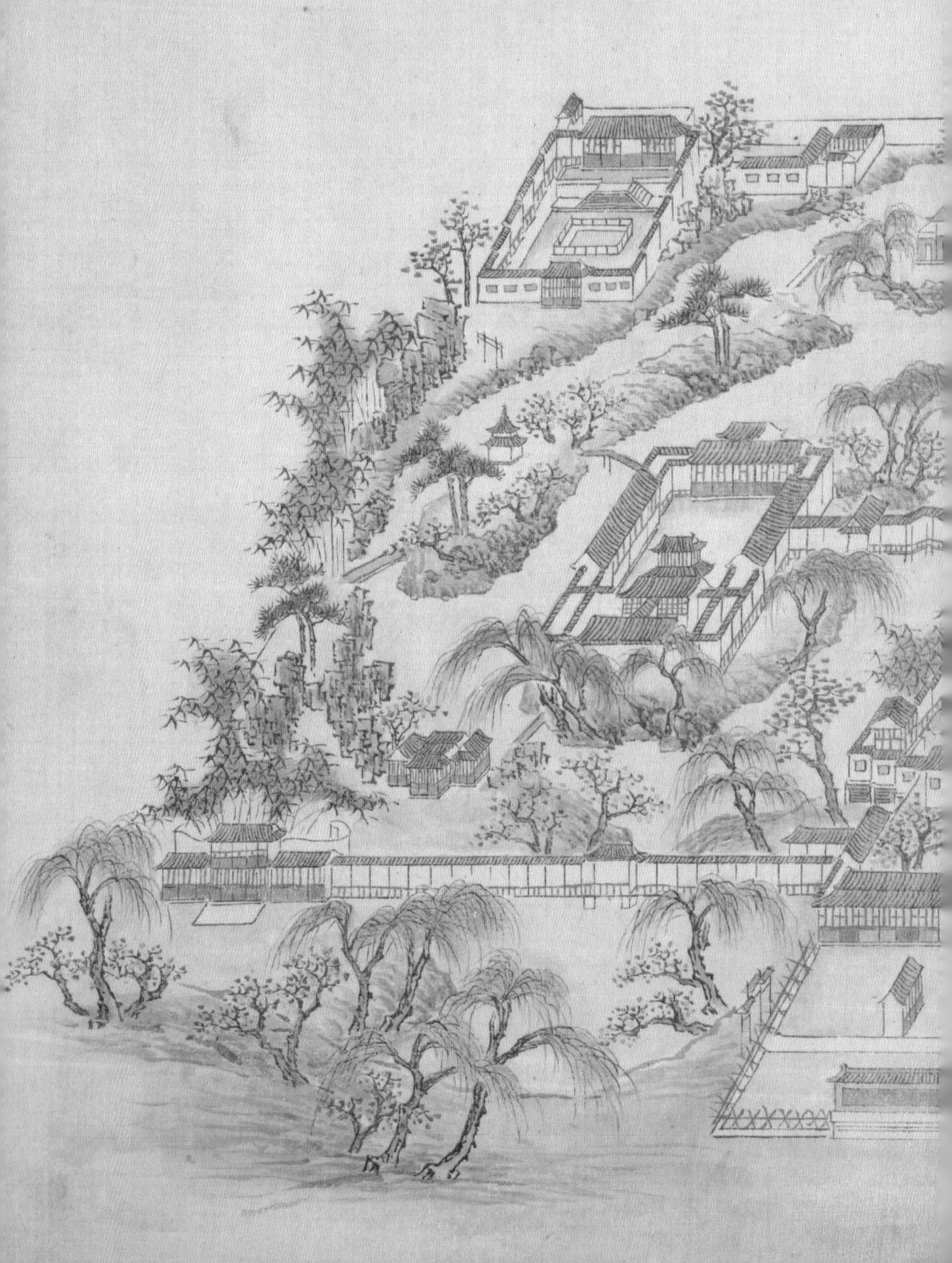

高旻寺
行宮
在城南十五
里地名三汊
河其旁有
塔曰天中塔
聖祖仁皇帝南巡
於此敬建
行宮恭逢
皇上省方重葺
其舊以備
臨御

南来逐处仰重华，此日重教韵和麻。但得一心常守敬，从知四海永为家。

省方咨度惟耕织，悦己奇邪戒鸟花。数宇行宫无藻绘，昭垂作法恐其奢。

1784年，74岁的乾隆皇帝第六次南巡，依然缅怀皇祖，又写下《塔湾行宫六依皇祖诗韵》：

最古行宫朴不华，奎章拈韵六之麻。一心无系于何系，四海为家此即家。

熟路从来识堂构，行春宁为赏烟花。赓歌六次依成句，摛笔于斯兴正奢。

## 三、南旺分水庙

在国图藏《运河图》的山东运河处，如图 49 所示，有“分水庙”一座。在其他清代古地图中有时也标注为“分水龙王庙”或“龙王庙”。

如图 50 所示，在《全黄图》中绘制得更为细致。该图卷末落款“甲申冬月 虞山王翚恭绘”，可知其由著名画家王翚绘制，绘制时间为康熙甲申年，即康熙四十三年（1704）。因为该图出自著名

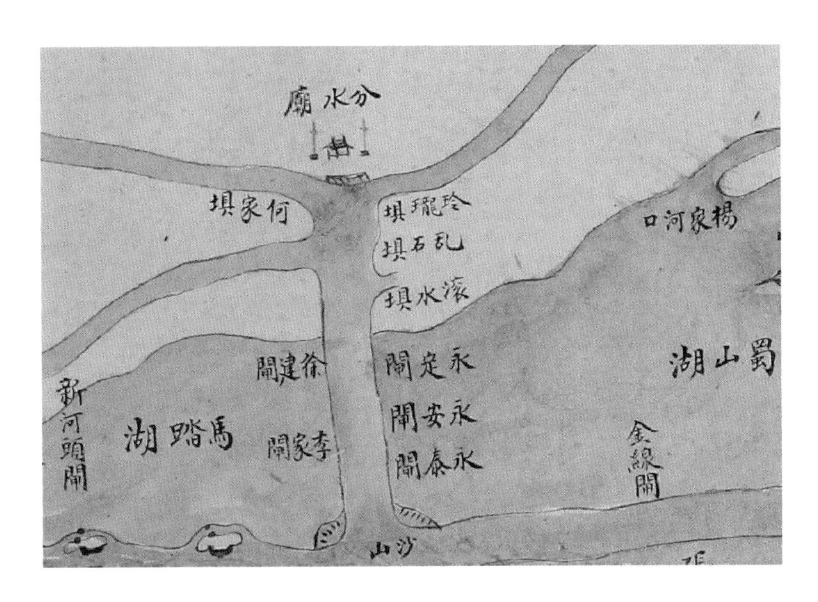


图 49　国图藏《运河图》之分水庙

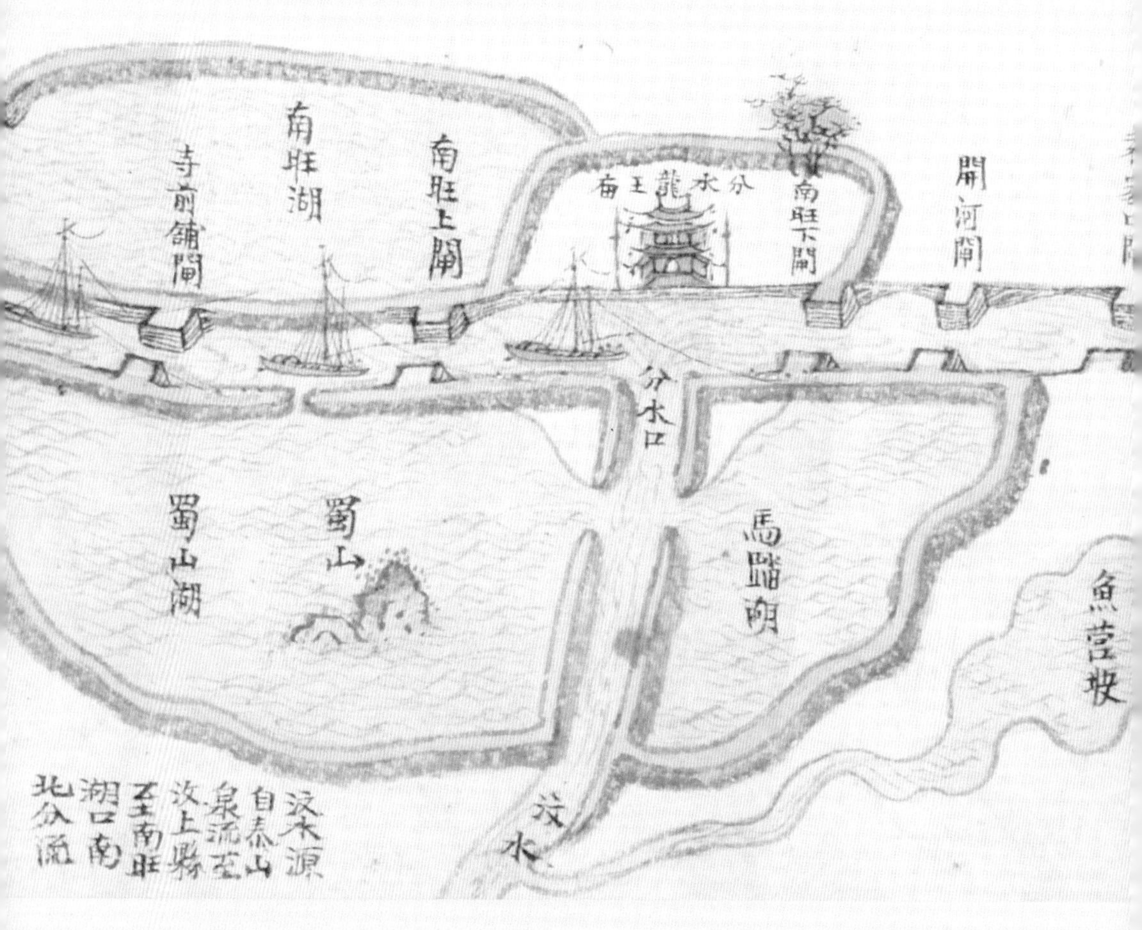


图 50 《全黄图》之分水龙王庙

画家之手且恭呈御览，所以绘制得十分翔实，可见在“分水口”处有“分水龙王庙”一座。图中注记：“汶水源自泰山泉，流至汶上县至南旺湖口南北分流”，结合图幅可看到，“分水口”就是汶水在此分流。

《山东运河全图》现藏于美国国会图书馆，纸本彩绘，长卷裱轴，31cm × 326cm。如图名所述，该图绘制内容限定于山东运河，卷首起自江南邳州与山东峄县交界的黄林庄，卷尾至直隶景州与山东德州交界的柘园镇。图幅对于山东段运河的闸坝、湖泊、支渠、泉源等绘制的十分翔实，且图中文字注记丰富。图幅大致反映的是光绪七年（1881）前后的河渠治理状况。

山东临清以南至江南邳州交界黄林庄的山东运河段，汶水是该段运道的主要水源，自南旺分水口分流南北。图中注记，“汶河发源泰安县仙台岭，并新泰、莱芜、平阴、东平等几州县境二百五十余泉之水，由南旺分水口济运”。如图 51 所示，“龙王庙”一带为南旺分水口，南旺与周围地区相比，地势较高，“南旺分水口分流南北，地形最为高仰，南至台庄地降一百一十六尺，北至临清降九十尺”。南旺海拔 40 米左右，在整条运道上，“地形最为高仰”。

河流就下，为解决地脊高耸之处的水源问题，明代人巧妙设计，设置戴村坝拦截汶水至分水口处分流南北，其中七分北流，进入卫河，三分南流，进入黄河，史称“七分朝天子，三分下江南”。故而。此处所建庙宇称为“分水龙王庙”，又称为“分水庙”。这项水利工程至为关键，自此山东运河畅通，结束了之前元代及明初漕粮海运及在河南部分陆运漕粮的漕运史。一直到清末光绪年间，该工

白公祠
三合土壩
富山
彩山
雞爪泉
老源頭泉
清泉
泉河廳界
戴村壩
戴村三壩
通長一百二十六
丈八尺北曰玲瓏壩長
五十五丈五尺中曰乱石壩
長四十九丈一尺南曰滚水壩長
二十二丈二尺其名雖異寔係接
連一壩過汶南流全出南旺分
水口濟運壩脊高五尺伏秋盛
漲任其漫壩由鹽河入海
鹽河
出新河頭洪仁橋
二草閘宣洩濟運
何家壩
馬踏湖
石頭口
袁口閘
劉老口
洪仁橋閘
新河頭閘
開河閘
十里閘
房家庄
汶上汎河道長五六里
宋家窪
十二連窪
關家閘
常鳴斗門
邢通斗門

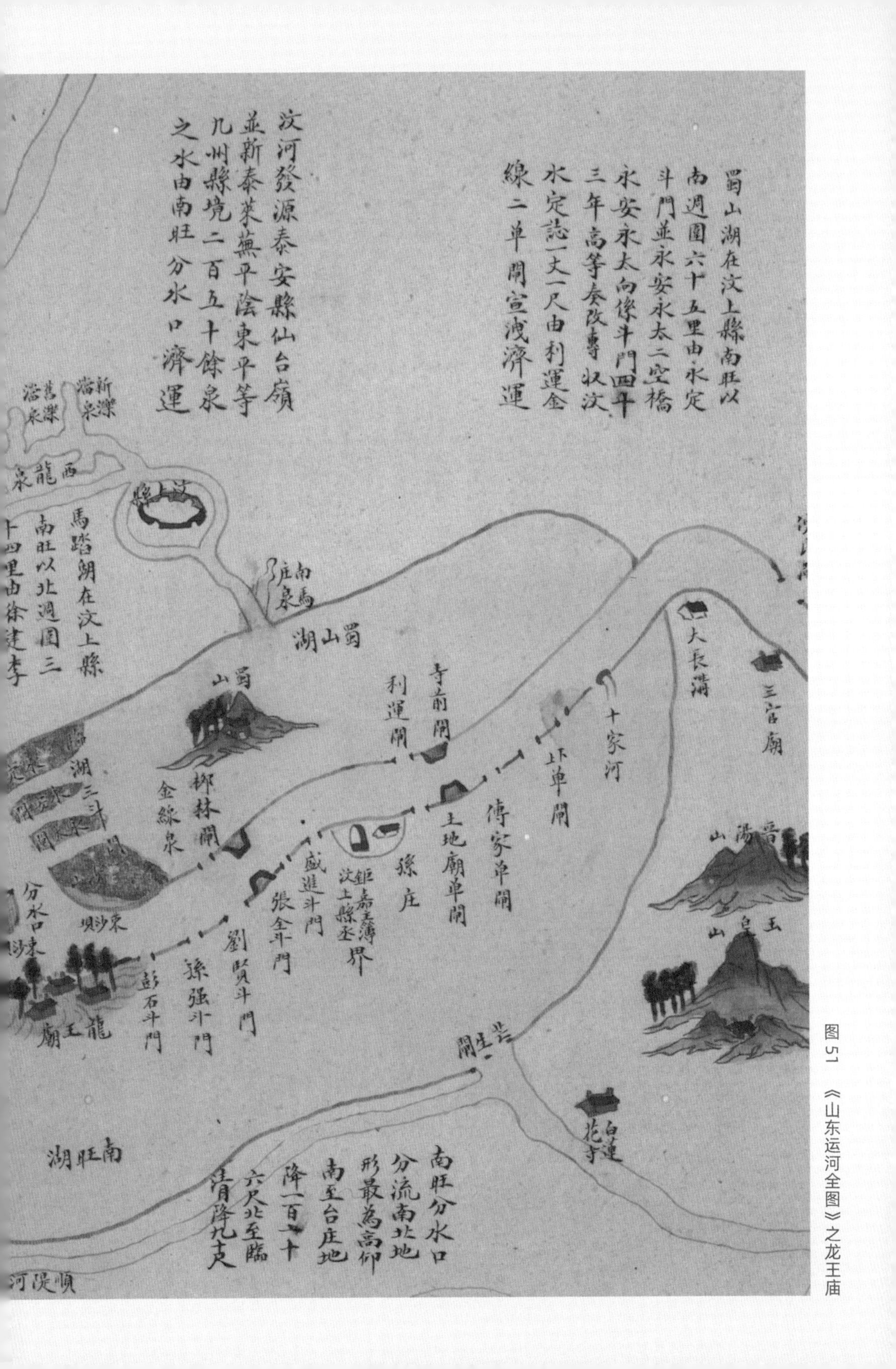


图 51 《山东运河全图》之龙王庙

程仍旧发挥着不可替代的作用，图51即是明证。

道光朝河臣麟庆至此，在《鸿雪因缘图记》中绘有《分水观汶》图。如图52所示，高楼上立有两人，在指画谈论，而对面就是分水口。

麟庆身肩河务，看到前贤修筑的水利工程，非常感慨，追溯既往，题记如下：

> 分水口在汶上县南旺集，东承汶水入运，分南北流。其西岸有禹王庙，庙前楼曰来汶，正对水口，楼右为分水龙王庙，前树绰楔，额曰左右逢源，楼左为康惠公祠，祀明工部尚书宋礼。雍正四年，敕封宁漕公并封老人白英为永济之神，从祀。
>
> 考明永乐初，海运仍元时故道，里河则由江浮淮入于河，直至河南阳武发夫陆运过卫辉府，由御河达于京。九年，以济宁州同潘叔正言，命宋公督夫浚治，公用老人白英计，审南旺为地脊，在戴村筑玲珑等坝，遏汶全流使尽西入南旺，分其水三南接徐吕，其七北会漳卫。
>
> 癸卯夏，余过祠下，登来汶楼，见舟楫往来到此，皆成下水，人人称快。因思明初运道，海险陆费，耗财溺舟，岁以亿万计。自公创分此水而漕渠通，海陆俱罢。我朝因之岁漕东南数百万粟，以实京师。藉此一线汶流分济南北，旱不至涸滞病漕潦，亦不至溃决病民。公之功实伟矣哉。

可知图52中所绘高楼为“来汶楼”，分水龙王庙在该楼右侧，

图 52　《鸿雪因缘图记》之《分水观汶》

图 53　南旺分水龙王庙遗址

匾额“左右逢源”，也很有趣。麟庆于癸卯年，即道光二十三年（1843）登临此楼，对明人治绩大加赞赏。

从麟庆记载可知，分水口处有多座建筑。其中分水龙王庙始建于明永乐年间，有龙王殿、戏楼及钟楼等建筑。明正德七年（1512）建宋公祠、白公祠和潘公祠，用于祭祀麟庆题记中提到宋礼、白英、潘叔正。清康熙十九年（1689）建禹王殿，其后相继增建莫公祠、关帝庙等；之后规模不断扩大，清末已经形成了一座大型建筑群落。随着运河废弃，年久失修，建筑多已颓坯，如图 53 所示，龙王庙目前尚存遗址。

## 四、天津望海寺

国图藏《运河图》天津府附近，如图 54 左下角所示，有“望海寺”一座。另在图 55《运河全图》中，在绿树掩映、花团锦簇中有一座寺庙——望海寺。

望海寺始建于明末清初，乾隆元年（1736）重修，位于三岔河口，是重要的地标建筑。该寺庙的地标意义在于其位于北运河、南运河的交汇处。另见图 56,《天津城厢保甲全图》现藏于美国国会图

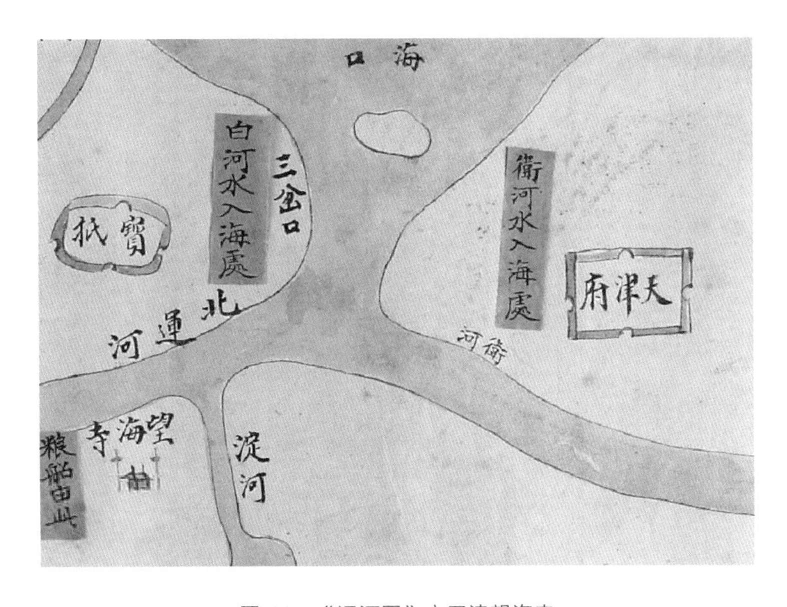


图 54　《运河图》之天津望海寺

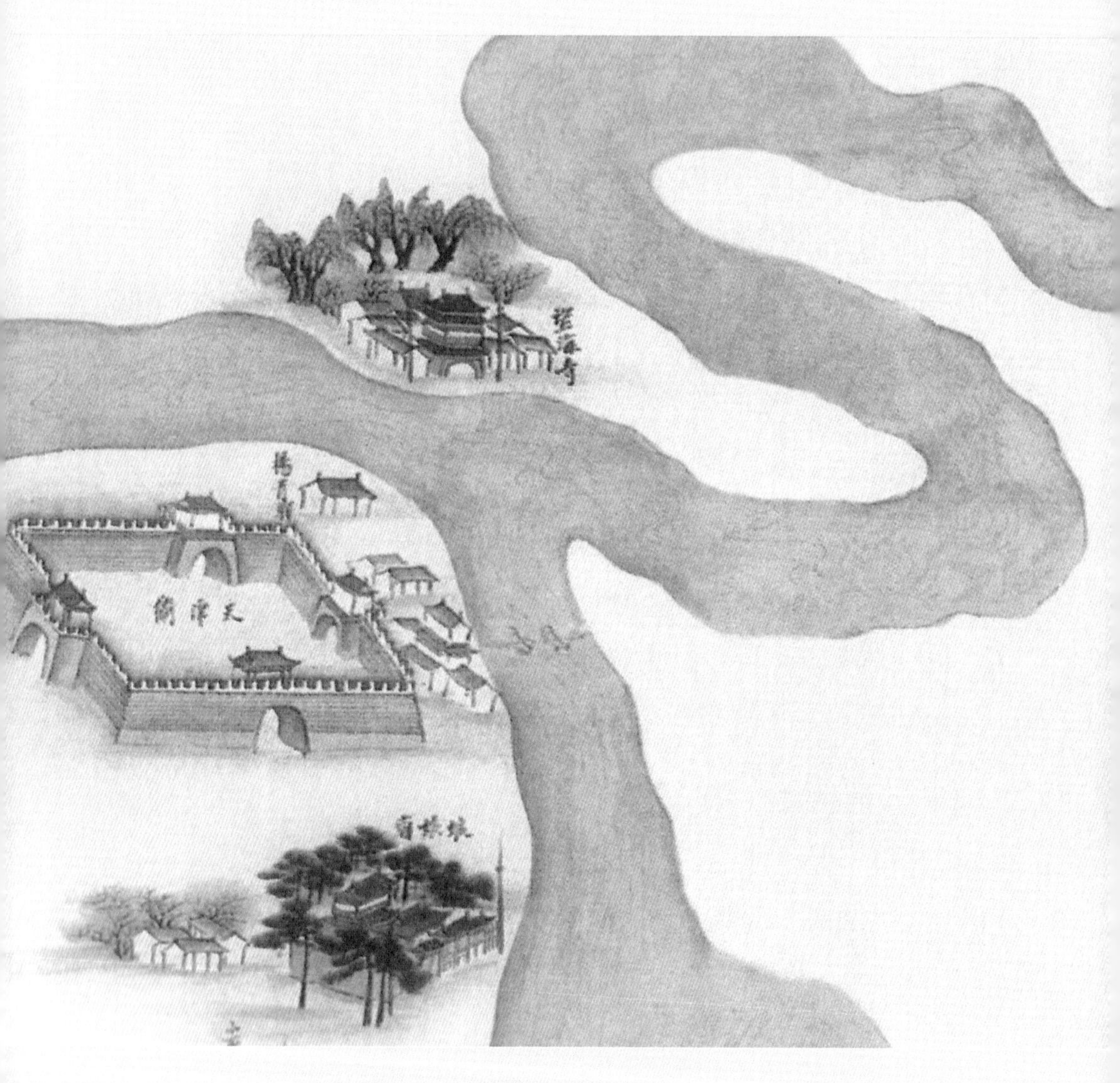


图 55 《运河全图》之天津望海寺

图 56　《天津城厢保甲全图》之望海寺

书馆，非常细致入微地绘制表现天津城内的重要建筑、街巷格局等，表现年代为清末光绪年间。图中三岔河处绘有“望海寺”，其旁矗立有更为高大宏伟的“望海楼”，该楼建于乾隆三十八年（1773），供乾隆皇帝南巡时喝茶、用膳，此地位于三岔河处，确为胜景。

乾隆五十八年（1793），英国人乔治·马戛尔尼（George Macartney）率领使团以向乾隆皇帝祝寿为名，抵达中国，希望通过谈判打开中国市场，但无功而返。这是中西交往史上的一件大事，在后世常被人提及。1793年8月，马戛尔尼使团是由海路抵达天津白河口，后换船入大沽，经通州、北京，赴承德避暑山庄觐见乾隆皇帝。期间曾发生礼仪之争，通商等要求也被天朝上国严正拒绝。9月21日，使团回到北京，后经京杭大运河南下，11月9日，使团抵达杭州。

马戛尔尼使团随员80余人，不仅包括天文学家、艺术家、医生等，还随团携带画师，将沿途见闻绘图。其中一位画师，名叫William Alexander，在1805年于伦敦出版了一本彩绘画册，名为《中国服饰》。图57即为其中一幅，描绘的画面是1793年10月13日使团抵达天津时的情景，天津府派人在此列队迎候。根据时间，可知道图中画的是使团返程情景，上段已经提及返程是走的京杭大运河，同时作者也记述“他们位于通往大运河的路线上”，因此，该处画面当为天津大运河沿岸码头的场景。

该幅图画由西方人绘制，绘制技法自然与中国传统画法不同，十分写实，大船上桅杆高擎，周边小舟数艘；类似衙署建筑的中间，有一人端坐，旁列两队，岸边看热闹的行人或坐或站。远处的中国

图 57　1805 年英文版《中国服饰》之天津府

图 58　《鸿雪因缘图记》之《津门竞渡》

传统建筑院落，高低错落，亦有可能是望海寺等运河沿线庙宇。这种喧哗热闹带着烟火气息的纪实场景，在近代摄影技术出现之前，并不多见。

此外，道光朝河臣麟庆曾到天津，在《津门竞渡》中有所描绘。如图58所见，三河交汇处，河水激荡，岸上纤夫牵拉大船行进，岸边皆有高大建筑矗立。

据麟庆题记：

> 天津府，古渤海渔阳二郡地，海在府东一百二十里，城北有三岔口，直通大海，即古津门，南则卫河，受南路之水，北则白河，受北路并汇丁字沽角淀之水，至此合流东注，旧名小直沽，其东南十里，地势平衍，每遇霖潦水泛，茫无涯矣，曰大直沽，又东南流百余里，为大沽口，众水由此入海，即《通典》所谓：三会海口也。
>
> 望海寺在三岔口西岸以北，有望海楼九楹，崇宏壮丽，正对三岔口。乾隆、嘉庆间翠华临幸。

其中对于三岔口的地理区位描述细致，而望海寺、望海楼就位于三岔口处。麟庆于癸卯五月初四日，即道光二十三年（1843）路过此地，“见龙舟旗帜翱翔，游舫笙歌来往。虽稍逊吴楚之风华，而亦饶存竞渡遗意”。正逢端午佳节，望海寺前举行赛龙舟比赛。

# 第五章

# 闲图的皇帝

清朝康乾时期，国力强盛。康熙、雍正、乾隆三代皇帝，精力充沛，勤于政务，在漕运及运河治理等方面，也是卓有劳绩。康熙、乾隆多次南巡阅河，登临重要工程，指授方略；雍正皇帝对于河工治理，多有朱批。至嘉庆、道光年间，除个别泛滥河段外，基本上萧规曹随，延续康乾时期成规。

本章将结合国图藏《运河图》及相关其他地图、奏折等，来展现清朝几位皇帝与运河治理、运河地图的故事。

## 一、康熙

康熙皇帝，勤政明敏，对于运河治理，亲力亲为，颇多功绩。据《圣祖仁皇帝圣训》记载：

> 朕听政二十余年，阅历世务已多甚，栗栗危惧，每遇事必慎重图维、详细商榷而后定。历年所奏河道变迁图形，朕俱留内时时看阅。朕素知河道最难料理，从古治河之法，朕自十四岁即翻复详考。

从记载可见，康熙皇帝重视河工，时时留心“河道变迁图形”。并且在位期间，康熙皇帝六次南巡阅河，指示河渠治理。另见一份保存于中国第一历史档案馆的奏折，奏折内容讨论乌斯藏佛像，康熙皇帝朱批内容与此无关，“近日闻得总河无才，两河坏之已极。朕欲看河，南边走走，未定日期”，“南边走走”官方用语即为“南巡”，“朕欲看河”即为“阅河”。

康熙二十八年（1689），第二次南巡，据《圣祖仁皇帝圣训》记载：

> 上阅视中河，至支河口下马坐堤，上出河图，指示扈从诸臣及江南、江西总督傅拉塔、河道总督王新命、漕运总督马世

> 济等，谕之曰：河道关系漕运民生，若不深究地形水性，随时权变，惟执纸上陈言，或徇一时成说，则河工必致溃坏，且就目前观之，修治此处似乎有益，将来且连彼处受害矣。朕虽屡遣大臣来视，而河工是非终无定论。朕夙念河道频坏，群黎屡罹灾害，因详阅河图，不离左右，故地方堤岸河形，朕衷深晰。

这是康熙皇帝关于治河的一段言论，其首记载："上阅视中河，至支河口下马坐堤，上出河图"，很有画面感，仿佛看到康熙皇帝下马临河而坐，手持运河图，指画江山的形象。这也反映出，运河图在治河中起到了不可替代的作用，康熙皇帝"因详阅河图，不离左右"。

康熙三十八年（1699），康熙第三次南巡阅河，据《黄运河口古今图说》记载："三十八年，圣祖仁皇帝南巡临视河工……立即于其处建挑水大坝，挑流北趋，土人感戴至今，呼为御坝。"如图59所示，黄河岸边的"玉坝"即为康熙三十八年所修，这是康熙皇帝亲临指示修建的，应书为"御坝"。从图60《全黄图》中可以看得更加清晰，其右下方注记有"御坝"。该水利设施的修筑，主要是为了改变黄河水流方向，避免黄河水直接冲击清口，保护运道畅通。

此外，图59、图60中的其他水利工程，也多为康熙年间修浚。诸如"张福口引河""裴家场引河""帅家庄引河"都是建于康熙十七年（1678），"天然引河""张家庄引河"开于康熙四十年（1701），"三岔河引河"开于康熙四十一年（1702），这几条引河位

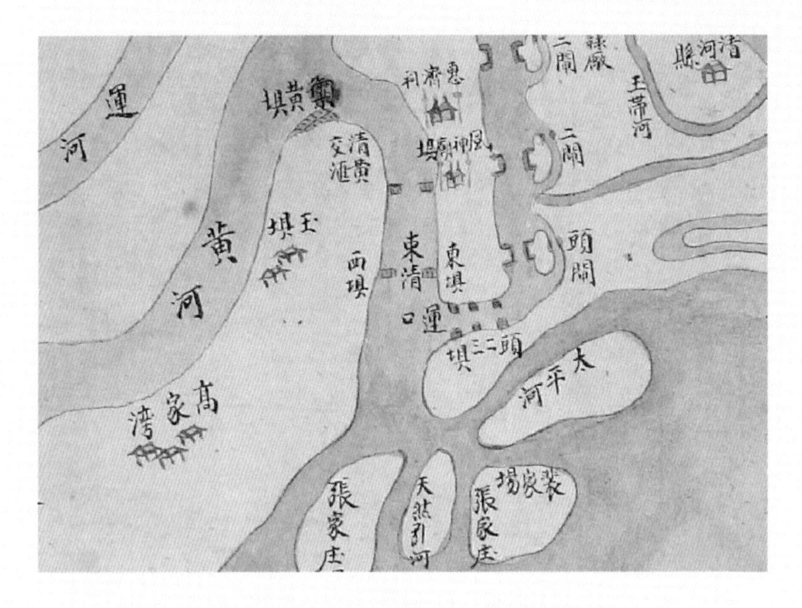


图 59　《运河图》之“玉坝”

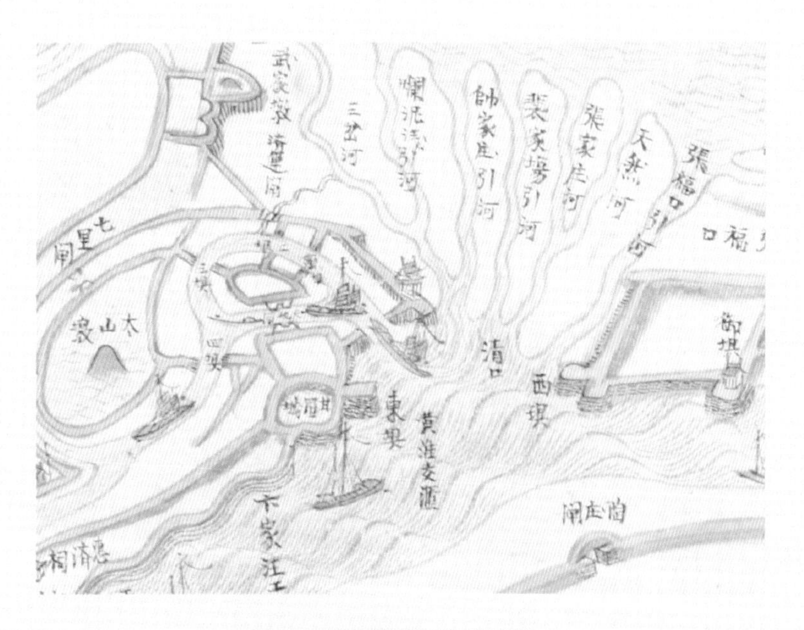


图 60　《全黄图》之“御坝”

于洪泽湖出水口，因为黄河水势强、洪泽湖出水弱，容易倒灌，所以收束出水口、增强水势，故而开浚多条引河。图中“头二三坝”也是康熙四十一年修造。

综合上述记载和古地图可见，康熙皇帝在运河治理上，兴作不断，卓有功绩。运河图作为参阅资料，发挥了不可替代的作用。

## 二、雍正

雍正皇帝虽然在位时间较短，仅十三年，但是非常勤政务实，在事关国计民生的漕运和运河治理上，不敢疏忽怠慢，在治河人才的选拔培养上，也颇为用心，留有一些相关的朱批奏折。

图 61 为雍正元年（1723）六月十一日山东巡抚黄炳奏折，现藏于台北故宫博物院。黄炳奏称山东运河于初八日山水骤发，沙湾子段河堤遭水冲决，并称河道总督齐苏勒（？—1729）已于初九日前往沙湾，查看决堤情形。图 61 左下方墨书小字是雍正御笔，誊录于下：

> 知道了。凡河务不要自作聪明，一切听从齐苏勒调度。只要将钱粮人夫，现成预备，不可迟误，就是你的功了。奏折不要与总河异同了，你二人主见总要一样方好，若有异同，朕自然也在齐苏勒处画一的。特谕。

雍正皇帝的语言风格亦庄亦谐，不似一般文献中经过加工整理的“公文体”，其中“不要自作聪明”“就是你的功了”等，也颇为口语化。至于治河，可见雍正皇帝对河道总督齐苏勒非常信任，为权责一致，防止扯皮推诿，专门叮嘱山东巡抚预备钱粮人夫等，其他皆听从河道总督调度。

山東巡撫臣黄炳謹
奏爲奏
聞事六月十一日據兗州府捕河通判陸允鈥
報稱本月初八日山水驟發運河水勢急
溜沙灣子堤被水冲開一處等情到臣臣
查此堤原係運河縴道前因黄沁水决即
開此口放水由鹽河以歸于海俟水退之
當日為何不曾堅固堵築
後即便堵塞完工今因山水驟發而此堤
復被冲開仍由鹽河歸海與民田無害前
因連朝陰雨恐及運河有無發水糧艘可
否遄行已差人前往濟寧州一帶查看挑
四鋪運河之水將次平岸等語則運河之
水已經充足即開此口少有洩漏亦無碍
運行況此水不過偶爾瀑漲非比有源之
汛一經晴霽即堵安瀾今已天氣晴明使

可與工堵築復開河臣齊蘇勒布政司佟
吉圖俱于初九日前詣沙灣决口處所查
勘伏思齊蘇勒久諳河務佟吉圖辦事勤
慎自能料理妥當似可無虞
聖懷者也至應用工料銀兩臣已行知佟吉圖
令其就于挑河存剩銀内動支修築合併
奏
當多備些錢粮以防不常之用
聞爲此繕摺特差家人董喜賫
奏伏祈
皇上睿鑒施行
知道了凡河務不要自作聰明一切聽從齊蘇勒調
度只要將錢粮人夫現成預備不可遲慢就是深明
的了奏摺不要与總河異同了你二人主見總要一樣
雍正元年陸月　拾壹　日
方好若有異同朕自然在齊蘇勒處查一的特
諭

图 61　雍正元年《奏报沙湾子堤决口并兴工堵筑情形折》

再看一件雍正朝朱批奏折，如图62所示，该折未署名，属于“密折”，内容是密报河道总督齐苏勒为官情形。其中提到齐苏勒为官清正，“今知其居官操守，诚如圣鉴”，拍一下雍正皇帝马屁，又奏称其人“冰清玉洁，一尘不染”，于河工事务相当熟练，但是为人性情急躁，“每多逞材自用，旁人无能参赞一言”。

雍正的朱批，“所奏甚公。但一尘不染，果然乎？再细访据实密奏”。可见，雍正对于河臣既用也防，用人察人，心思细密。

另有一件雍正朱批，如图63。嵇曾筠（1670—1739）、嵇璜（1711—1794）父子均曾出任河道总督，且治河有方而先后授予大学士职衔，历任雍正、乾隆两朝，颇受荣宠。图63是雍正十二年（1734）嵇曾筠得知其子嵇璜升迁后向皇帝上呈的谢恩折。文中充分表露感激之情，“惟有一事不苟，一刻不懈，实心办理，殚力修防，并勉臣子学习加勤，忠诚共励”，以报答皇帝的知遇之恩。雍正的朱批也甚为暖心，“览卿奏谢矣！嵇璜可望成器之才。卿可谓得善继之人也”（见图63）。言语中不吝夸赞，不仅赞誉嵇璜之才具，也称赞嵇曾筠后继有人。当然更是抚驭人心、为国储备人才之举。

综合这几件朱批奏折来看，雍正皇帝留心河工，更留意治河人才。人才是事业的根本，这种长远的眼光，为乾隆皇帝治河储备了大量可用之材。

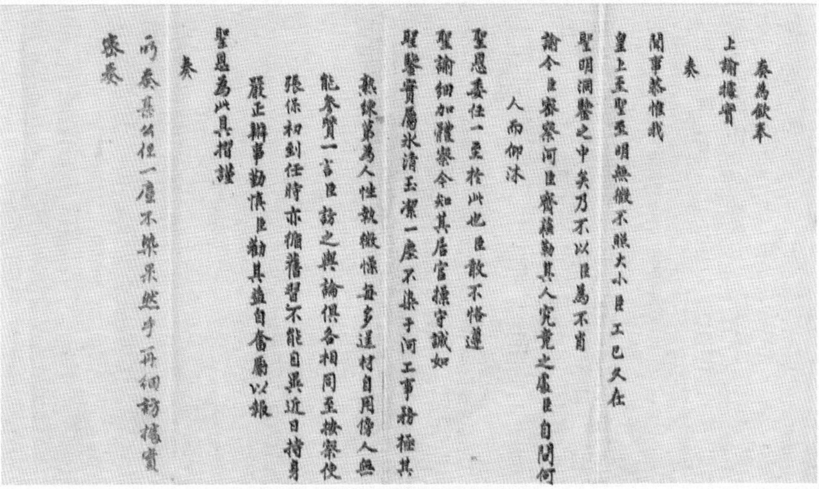

奏為欽奉
上諭據實
奏
聞事恭惟我
皇上至聖至明無微不照大小臣工已久在
聖明洞鑒之中矣乃不以臣爲不肖
諭令臣密察河臣齊蘇勒其人究竟之處臣自問何
人而仰沐
聖恩委任一至於此也臣敢不恪遵
聖諭細加體察今知其居官操守誠如
聖鑒實屬冰清玉潔一塵不染于河工事務極其
熟練第為人性執微倨每多護持自用傍人無
能參贊一言臣訪之輿論俱各相同至按察使
張保初到任時亦循舊習不能自異近日持身
嚴正辦事勤慎臣勸其益自奮勵以報
聖恩為此具摺謹
奏
所奏甚公但一塵不染果然乎再細訪據實
密奏

图 62　雍正朝《奏复河道总督齐苏勒官箴密折》

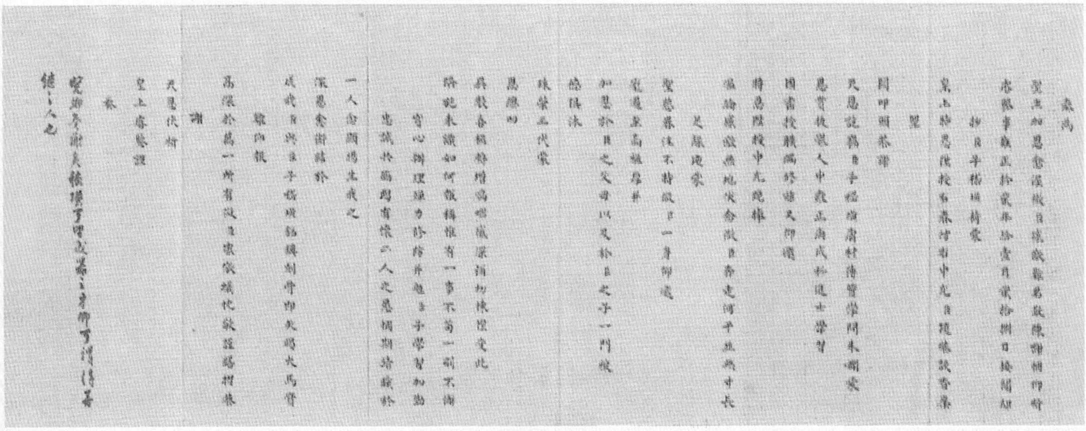

奏為
聖主加恩愈渥微臣感戴難名敬陳謝悃仰祈
睿鑒事竊臣於雍正拾貳年拾壹月貳拾捌日接閱邸
抄臣子嵇璜荷蒙
皇上特恩陞授右春坊右中允臣隨設香案
望
闕叩頭恭謝
天恩訖竊臣子嵇璜庸材薄質學問未嫻蒙
恩賞拔置人中鼎甲庶吉士學習
國書授職編修臚又仰蒙
特恩陞授中允纔樺
恩綸感激無地伏念微臣忝總河干並無寸長
足録遇蒙
聖慈屢沐不特微臣一身仰邀
寵眷至高極厚并
加恩於臣之父母以及於臣之子一門被
隆恩渥沐
殊榮三代蒙
恩綸四
異數奇稠特增感戴深銘切懷惶愧交此
臣職未識如何報稱惟有一事不苟一刻不懈
實心辦理竭力修治并飭臣子學習加勤
忠誠於萬鞠有懷二人之愚悃期靖勷於
一人幽隱偶得報之
深恩矣徼補於
萬一戒飭臣與臣子嵇璜勤謹報刻骨即矢竭犬馬寸
難向報
高深於萬一所有微臣感激懷忱敬謹繕摺恭
謝
天恩伏祈
皇上睿鑒謹
奏
覽卿奏謝矣嵇璜可望成器之才御前行走得
德之人也

图 63　雍正朝《为奏谢臣子嵇璜蒙恩升迁事》

## 三、乾隆

乾隆皇帝是一代雄主，文治武功，皆有大成。乾隆皇帝悉心河务，于河工亲力亲为，多次南巡阅河。可以说，运河治理在乾隆朝臻于完备。

图 64 为乾隆十八年（1753）十二月初十日嵇璜上呈的奏折，乾隆朱批："览奏俱悉，俟绘图贴说奏来，益明详矣。"据此可知两点：其一，雍正皇帝提选的嵇璜，为乾隆所器重；其二，正如乾隆所言"俟绘图贴说奏来，益明详矣"，说明地图形象性、直观性地呈现地理空间的特性，为治河所倚重。

国图藏《运河图》中，在黄运交汇地带有多处乾隆朝河工。如图 65 所示，"风神庙坝"前有两处对应的石工，该处应该是已经南移的"东坝""西坝"，只是图中尚将两坝标注于图下方。这两处为乾隆年间所建。

再如图 66 所示，该图大概反映乾隆十五年（1750）前后的状况，此时东坝、西坝尚在风神庙前。图 67 是现藏于台北故宫博物院的奏折附图，表现的是乾隆十四年（1749）的情形，此时东坝、西坝同样在风神庙前。另据乾隆四十三年（1778）奏折附图《移建清口东西坝并开挖陶庄引河图》，此时将东坝、西坝下移至平成台。可见，东坝、西坝在乾隆十四年至乾隆四十三年（1749—1778）间，位于风神庙前。

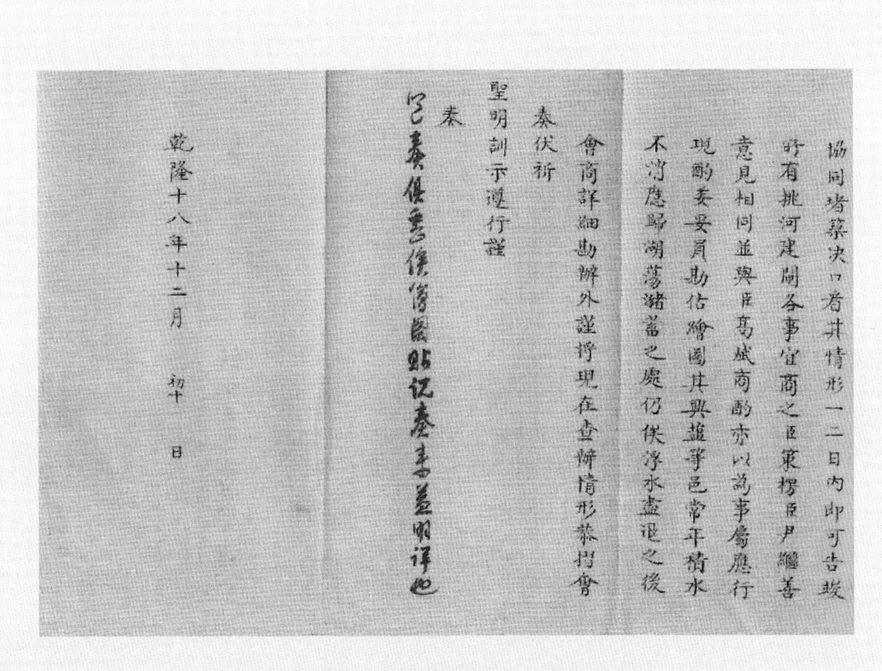

協同堵築決口者其情形一二日內即可告竣
所有挑河建閘各事宜商之臣策楞臣尹繼善
意見相同並與臣高斌商酌亦以為事屬應行
現酌委妥員勘估繪圖其與盱眙等邑常年積水
不消應歸湖蕩諸窪之處仍俟淨水盡退之後
會商詳細勘辦外謹將現在查辦情形恭摺會
奏伏祈
聖明訓示遵行謹
奏
览奏俱悉俟阅图贴说奏来再明详也
乾隆十八年十二月　初十　日

图 64　乾隆朝《奏报详勘下河水势情形折》

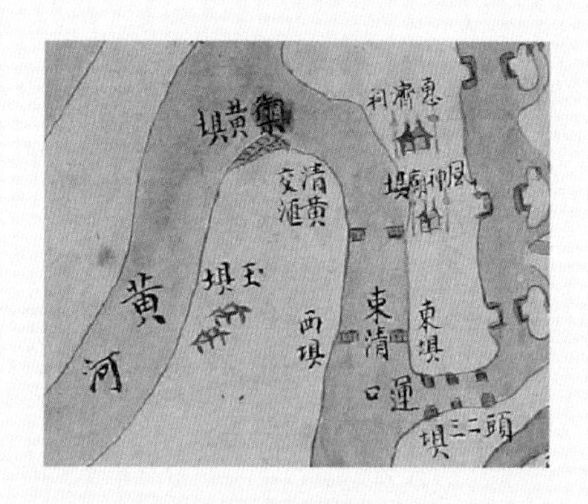


图 65　国图藏《运河图》之风神庙坝前石工

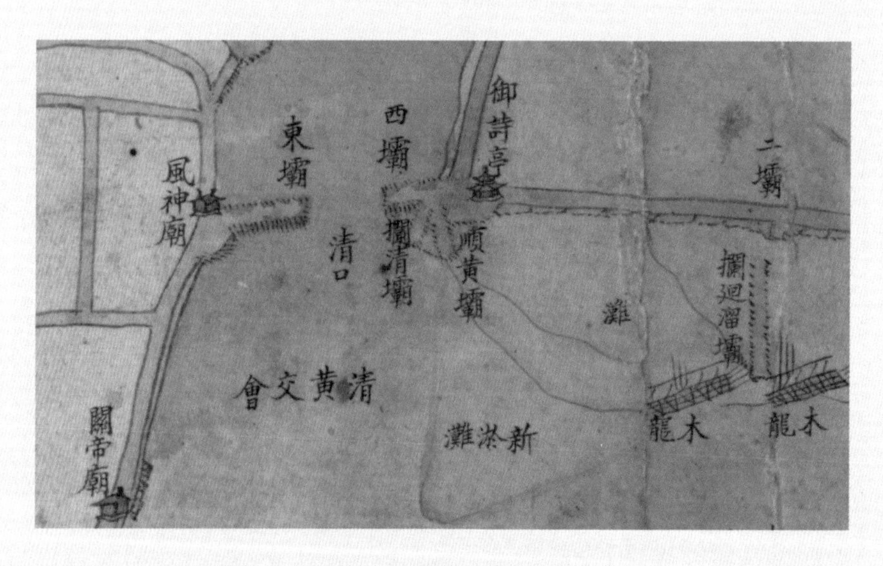


图 66　《黄河下游闸坝图》之《御坝木龙图》

图 67　乾隆十四年《黄河清口木龙图》之东坝·西坝情形

乾隆年间，还有“陶庄引河”开挖等重要水利工程。乾隆皇帝在奏折附图上也有朱批，图 68 为乾隆四十三年（1778）六月十一日大学士高晋上呈的奏折附图《移建清口东西坝并开挖陶庄引河图》，其中朱批“引河宽窄应加宽”，所划虚线是描画出将要开挖的陶庄引河，朱批是乾隆皇帝的具体指示，可见乾隆对于具体治河事务也相当用心。

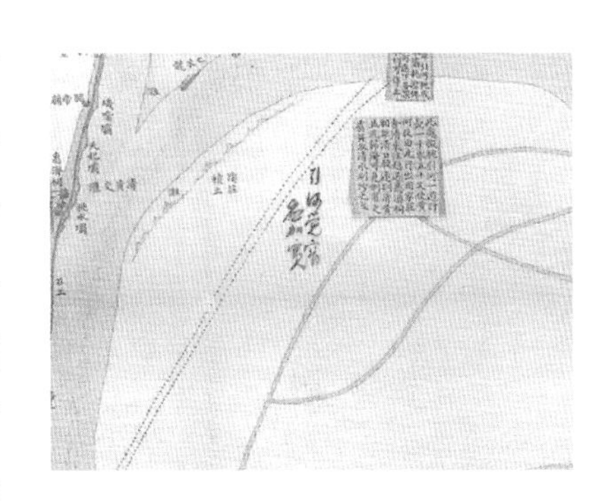

图 68　乾隆朱批

乾隆皇帝南巡，会有御用画师绘制南巡图。在大英图书馆藏有一套 23 幅《乾隆南巡驻跸图》，该图册为绢本彩绘，反映的是乾隆三十年至乾隆四十五年（1765—1780）的情形，图面上加注文字说

图 69　国图藏《运河图》之苏州

明南巡时间、景色及内容，采用的是立体鸟瞰的绘制技法。阅河是南巡的重要事宜，驻跸行宫也有多处位于重要运河城市或重要运河工程处。

如图 69 所示，在国图藏《运河图》的苏州旁边，标注有“灵岩”“邓尉山”，这两处是苏州名胜，乾隆皇帝南巡曾驻跸于此。图 70 为“灵岩山行宫”平面图，其中宫门、正殿、观音殿、七层宝塔等，纤细入微，如临其境。

再如图 71 为苏州附近的“邓尉山行宫”示意图，周围山峦、树木及宫殿也是绘制得栩栩如生。图面上有大段文字，介绍邓尉山情形，誊录于下：

邓尉山　在苏州府西南七十里，相传汉有邓尉隐此，亦名光福山，以地为光福里也。山势绵亘，岗峦起伏，西有铜井，

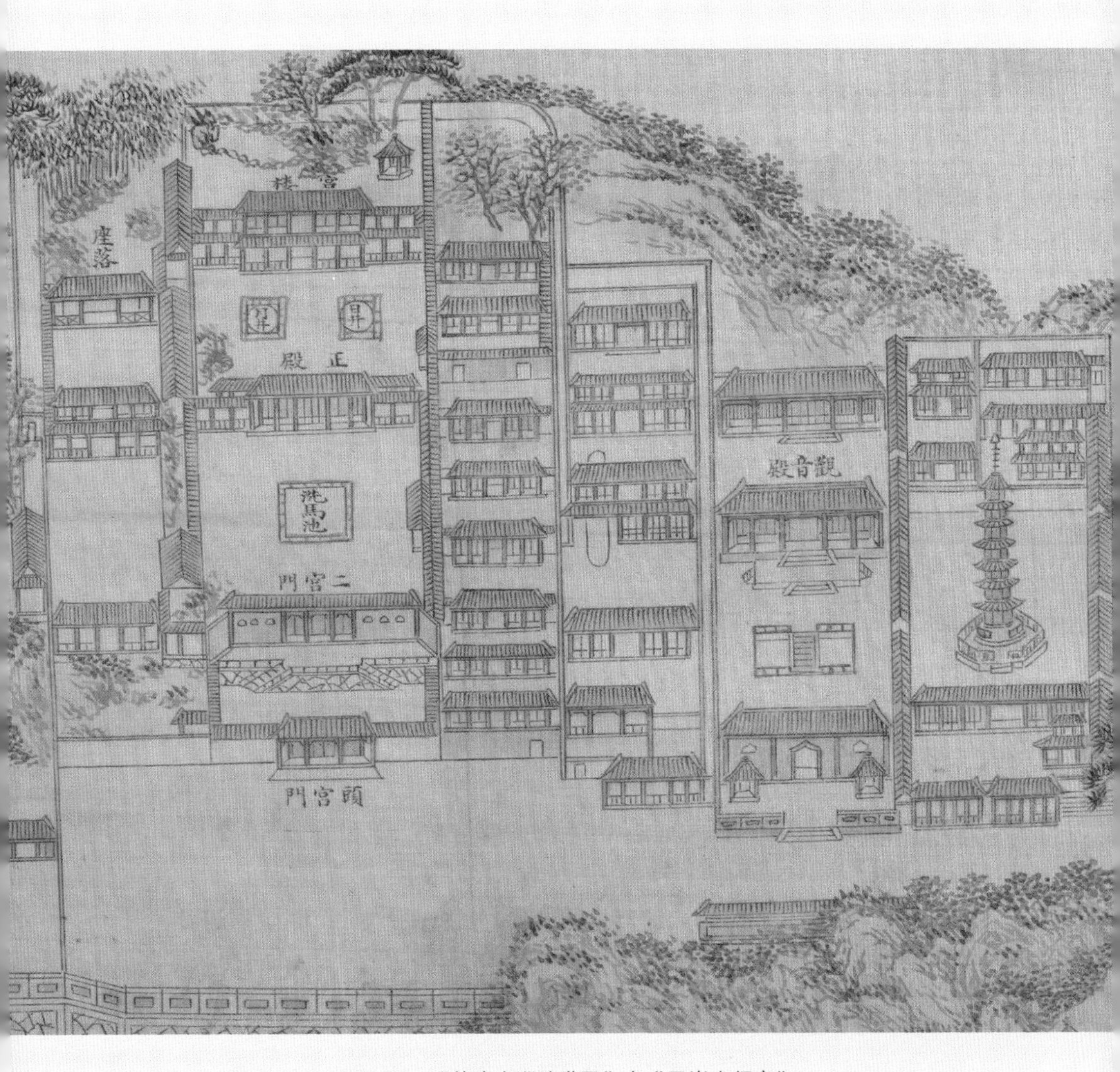


图 70　《乾隆南巡驻跸图》之《灵岩山行宫》

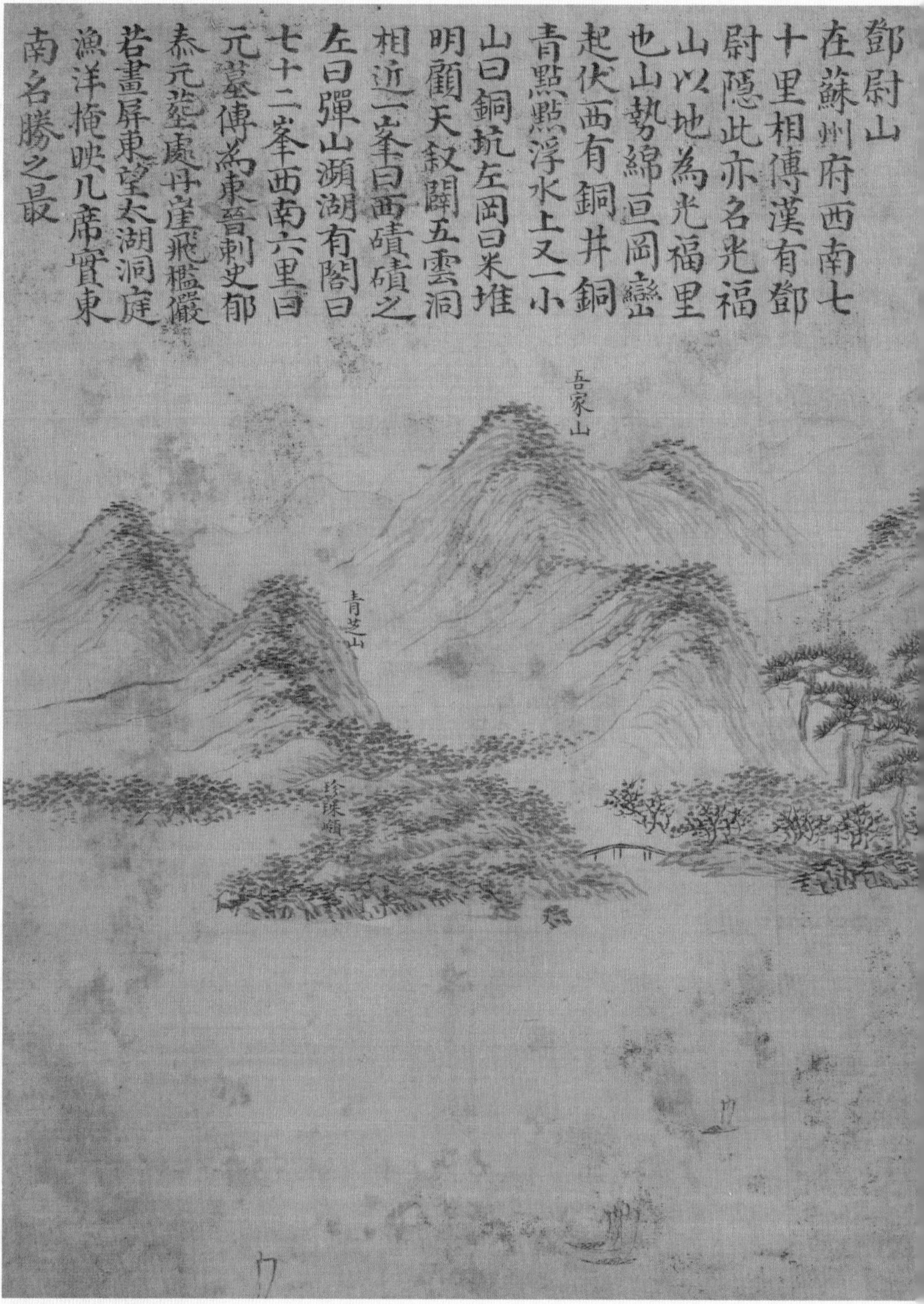

鄧尉山
在蘇州府西南七
十里相傳漢有鄧
尉隱此亦名光福
山以地為光福里
也山勢綿亘岡巒
起伏西有銅井銅
青點點浮水上又一小
山曰銅坑左岡曰米堆
明顧天敘闢五雲洞
相近一峯曰西磧磧之
左曰彈山瀕湖有閣曰
七十二峯西南六里曰
元墓傳為東晉刺史郁
泰元瘞處丹崖飛檻儼
若畫屏東望太湖洞庭
漁洋掩映几席實東
南名勝之最

吾家山
青芝山
珍珠塢

图 71　《乾隆南巡驻跸图》之《邓尉山行宫》

鄧尉山
妙高峯
柴庄嶺
米堆山
呂浦橋

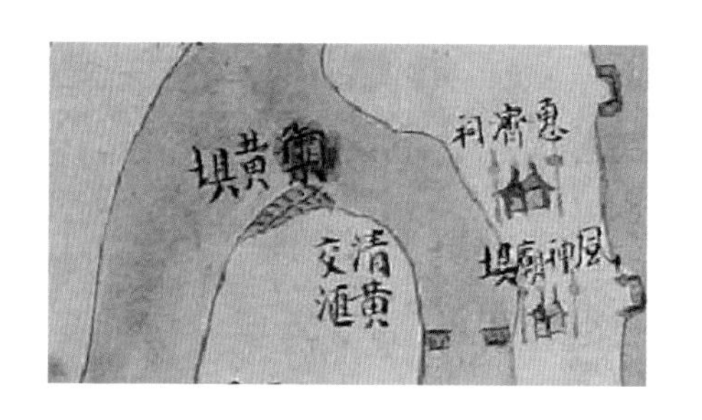


图 72　国图藏《运河图》之惠济祠、风神庙坝

铜青点点浮水上。又一小山曰铜坑，左岗曰米堆。明顾天叙辟五云洞。相近一峰曰西碛，碛之左曰弹山。濒湖有阁，曰七十二峰。西南六里曰元墓，传为东晋刺史郁泰元葬处，丹崖飞栏，俨若画屏，东望太湖洞庭，渔洋掩映几席，实东南名胜之最。

由上述图记可见，邓尉山于史有名，且环境绝佳，东南形胜之所，无怪乎乾隆皇帝行宫选址于此。

此外，《运河图》中，在黄河、运河交汇地带标注有“惠济祠”和“风神庙坝”，如图 72 所示。乾隆皇帝也曾驻跸于此，临视河工。

如图 73 所绘制，图左下角标注有“风神庙”，临近黄河。而“惠济祠”布局方正，为中式古典院落，门前立有影壁和旗杆，内部院落错落有致，层层递进。图面上亦有图记，叙述惠济祠的渊源、选址等，誊录于下：

惠济祠　在淮安府清河县，祠临大堤，中祀天后。明正德二年建，嘉靖中赐额曰惠济。其神福河济运，孚应若响。祠前黄淮合流，地当形胜，为全河枢要。国朝久邀崇祀，我皇上临幸升香荐帛，礼有加焉。

图 73　《乾隆南巡驻跸图》之惠济祠

惠济祠位于黄河岸边，对面为运口，这里正是运河过黄的最为险要之处，“祠前黄淮合流，地当形胜，为全河枢要”。在此驻跸，居高临下，一览无余，确为形胜之处。“我皇上临幸升香荐帛”，很明显是指乾隆亲临此地，举行祭祀仪式，“礼有加焉”，仪式隆重。

综合上述古地图、奏折朱批及南巡驻跸图等，可以看到，“左图右书”的读书传统，同样适用于治河，且地图尤其具有重要意义，以至于乾隆朱批“览奏俱悉，俟绘图贴说奏来，益明详矣”，意思就是光文字不行，还得看地图，才能明晰。乾隆皇帝本人也是悉心河务，亲力亲为，在清口地区修筑“陶庄引河”等，不断完善修补河工，这些在国图藏《运河图》中都有所反映。

# 第六章

# 绘图的河臣

清朝君臣励精图治，治河有方。上一章讲了三位皇帝，这一章介绍三位代表性的河臣，他们致力于河工水利，积累了丰富的治河经验，完成了许多标志性的治河工程，也留下了大量奏牍和相关文献，其治河事迹、工程等在国图藏《运河图》中多有体现。同时，运河图是河臣向皇帝汇报进展、请示事项的重要图像载体，往往以奏折附图的形式出现，如乾隆朱批："览奏俱悉，俟绘图贴说奏来，益明详矣"，简单说就是"拿图来，我要看图"。因此，目前留存的精美运河图往往是河臣绘制呈送，供皇帝御览。

本章将借助奏折、地图、图像等，展现从古地图中看不到却不应被磨灭的河臣。

## 一、张鹏翮

张鹏翮是康熙朝重要河臣，四川遂宁人。康熙九年（1670）进士，历任苏州、兖州知府，河东盐运使司，兵部左侍郎。康熙二十八年（1689）皇帝南巡，命出任浙江巡抚，后曾任刑部尚书、两江总督等职。康熙三十九年（1700）授河道总督，亲历河工八年。后于雍正三年（1725）卒于太子太傅文华殿大学士任上。

张鹏翮为官清正，康熙皇帝曾赞誉“天下廉吏，无出其右”。河督任上，整饬舞弊、修整中河、下河堤坝工程、改造清口防止黄河倒灌、根治河口工程等，功勋卓著，深获康熙皇帝赏识。图74为清朝国史馆编《钦定国史大臣列传》之《张鹏翮列传》书影，其中记述，应为康熙朱批，誊录于下：

> 张鹏翮所修工程，虽悉经朕裁断，而在工数载，殚心宣力，不辞劳瘁。又清洁自持，一应钱粮，俱归实用。朕心深为嘉悦。尔其详加议叙，乃加太子太保。

由此可见康熙皇帝对张鹏翮之嘉许。

张鹏翮的重要治绩是开通中河，中河河段自山东黄林庄至杨庄运口。中河疏通开凿前，运河一直利用西边的黄河河道行运。因为黄河泛溢无定，河道行船凶险，并且下游流速下降，造成黄沙沉淀，

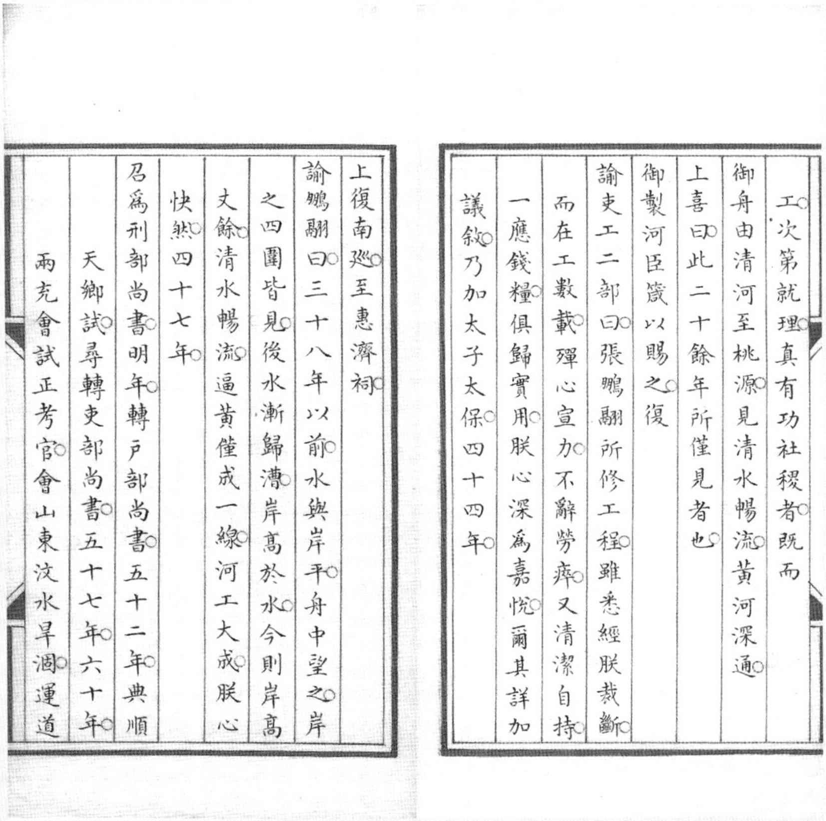

工○次第就理真有功社稷者○既而
御舟由清河至桃源○見清水暢流○黃河深通○
上喜曰此二十餘年所僅見者也○
御製河臣箴以賜之○復
諭吏工二部曰○張鵬翮所修工程○雖悉經朕裁斷○
而在工數載○殫心宣力○不辭勞瘁○又清潔自持○
一應錢糧○俱歸實用○朕心深爲嘉悅○爾其詳加
議敘○乃加太子太保○四十四年○

上復南巡○至惠濟祠○
諭鵬翮曰○三十八年以前○水與岸平○舟中望之○岸
之四圍皆見○後水漸歸漕○岸高於水○今則岸高
丈餘○清水暢流○逼黃僅成一線○河工大成○朕心
快然○四十七年○
召爲刑部尚書○明年○轉戶部尚書○五十二年○典順
天鄉試○尋轉吏部尚書○五十七年○六十年○
兩充會試正考官○會山東汶水旱涸○運道

图 74　《大清国史大臣列传》之《张鹏翮列传》

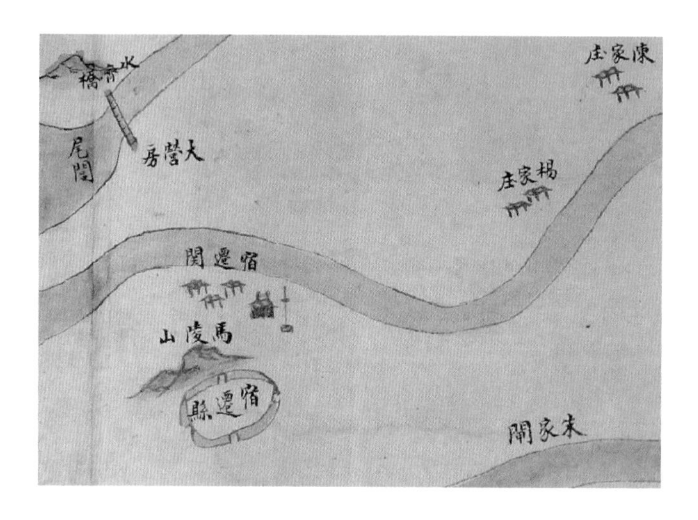


图 75　国图藏《运河图》之宿迁

河道较浅，部分河段形成地上河，易于泛滥成灾，导致河道水流枯涸，难以行舟，这历来就不是行运的理想之路，但历代无力改辙他途。

康熙朝，先后有旧中河、新中河的开通，利用山东境内的泇河以及沿途的骆马湖等，开凿出中河。如图 75 所示，“宿迁”即位于中河河段。中河在运河开发治理史上具有重大意义，就在于完全结束了几百年间运河借用黄河河道行运的历史，以一条相对好驾驭的人工河渠替代了桀骜不驯的自然河道。

中河贯通及杨庄新运口启用，完成于康熙四十二年（1703）。是年，张鹏翮在河督任上，编修《治河事宜》一书，其中附有彩绘水道舆图二十四幅，绘制极为精美写实，用色艳丽，为古代运河图中的极为罕见的绘制精品（如图 76 所示）。张鹏翮此时撰修此书，大书特书，很明显具有书以记功、垂范后世的用意。中河开通确是君臣合力、可以载入史册的水利工程。

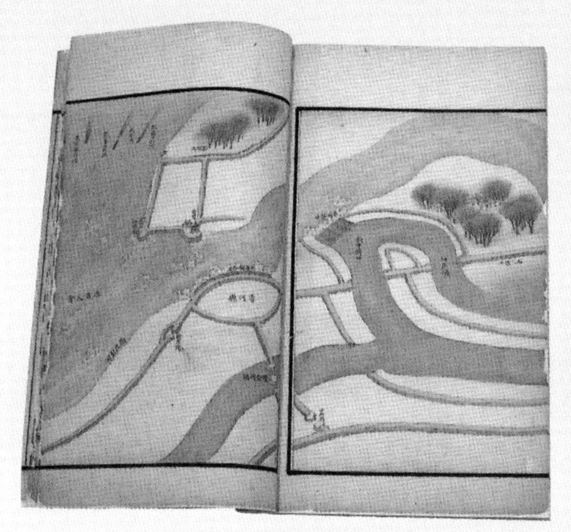
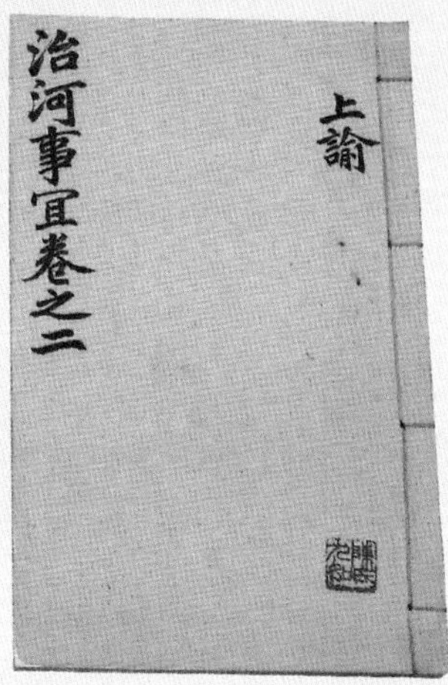


图 76　《治河事宜》书影

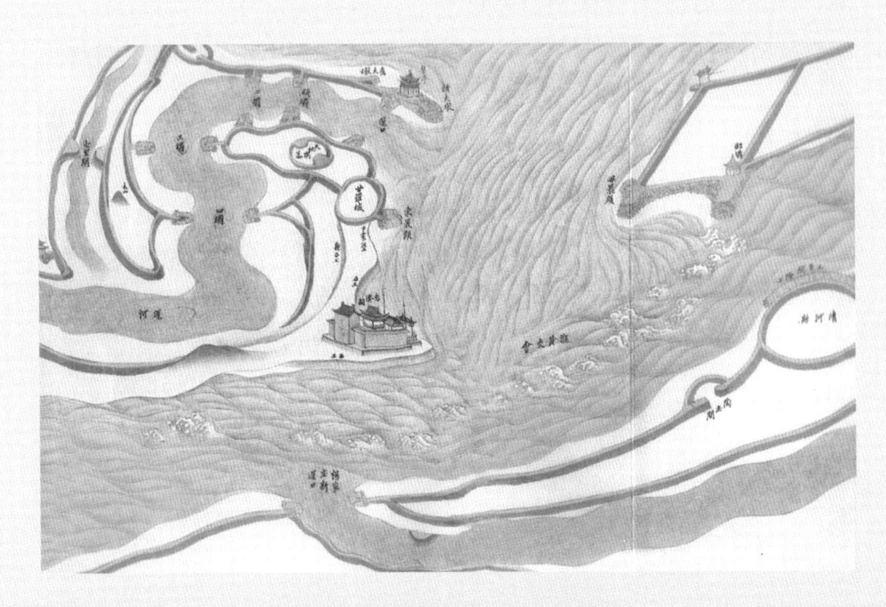

图 77　《运河全图》之清口地区

如图 77 所示，这是黄河、运河交汇的清口地区，在图幅下方中央标注有“杨家庄新运口”，这里正是中河的南出口，从“新运口”字样也可看到此处开通时间不久，大致就是康熙四十二年（1703）的清口状况。从图幅绘制也可看出，其中黄色浊流为黄河，波涛汹涌，而青绿色为运河与洪泽湖的水流，相对清澈。图幅绘制对比鲜明，既具美感又不失写实。康熙皇帝面对如此精美的运河图，加上几次南巡阅河的实地考察，其说出上文提到的“张鹏翮所修工程，虽悉经朕裁断”的话，确是实情，而非夸大溢美。

说到图 77 写实，再以图 78 和图 79 为例。图 78 是《运河全图》中的“惠济祠”，虽然地图画面宏大、绘制地物众多，但对于重要的地标性建筑等仍多有着墨。参见图 79，这是《乾隆南巡驻跸图》中全景式鸟瞰画法下的“惠济祠”。两图对比，可见张鹏翮绘图确实不吝笔墨，虽有如此众多地物，但观两图中的惠济祠，也仅是观察视角不同的同一座建筑。

关于康熙与张鹏翮的君臣关系，新发现一份很有意思的满文奏折——康熙四十三年（1704）九月十六日《两江总督阿山条陈张鹏翮劣迹折》。这类似于一份两江总督阿山状告河道总督张鹏翮的诉状，这种朝廷高级要员互相告状揭发的奏折比较罕见。阿山在奏折中语气急切、用词有些不顾体面，应该是因为张鹏翮的一份参奏而为自己辩驳，其中提到张鹏翮奏疏“件件无中生有，依势压人，毫不领己罪，反诬河南巡抚徐潮及奴才”，然后逐条逐件驳斥张鹏翮奏折，列举了很多修河银两等数据，洋洋洒洒，不下万言，情辞恳切，最后提到自己“虽识暗无才，亦无如张鹏翮不阅档册，不勘察工程，

图 78　《运河全图》之惠济祠

图 79　《乾隆南巡驻跸图》之惠济祠

仗势压人”。面对这样一份奏折，康熙朱批简洁：“案情知道了”，并未发表任何意见，并未谴责张鹏翮一言。

嗣后，相隔一个月，情势反转，康熙四十三年十月十七日，阿山再次上奏《两江总督阿山奏谢宽恕折》，言词中再无攻讦张鹏翮之言，满篇忏悔自新，“知识浅薄，过失难免”，“迭蒙皇帝怜悯，赐恩宽免”，“奴才虽如草芥，但无自责愧悔之心”等等，保证之后“切忌偏激，痛改前非，恪尽厥职，以图仰报于万一耳”。康熙写下大段朱批，教训阿山“以己之迂效法汉人，复为汉人所笑骂，自食其果”，还指出“前总督傅拉塔、范承勋等，居官非不及尔。虽为不及尔，但伊等在地方，宁静无事，并无为人指参”，“与人作对，业已足矣”，其中“为人指参”和“与人作对”当是指上段参奏张鹏翮一事，进而断言“尔毕竟系一平庸总督，并无奇特之处”。两份奏折对读可见，康熙皇帝知道张鹏翮为人及任事，并未偏袒满人阿山。

康熙皇帝得人用人，张鹏翮尽职尽责，才会有这一时期的河道安澜、运道畅通。康熙皇帝治下的清朝，正在迈入蒸蒸日上的盛世。这一时期的运河图总体上也是绘制精美，大气恢弘，沾染盛世气息。

## 二、高斌

高斌（1692—1755），本属汉军八旗，后其女嫁给乾隆皇帝为妃，遂抬入满洲镶黄旗。雍正元年（1723），高斌由内务府主事迁员外郎，历任苏州织造、广东布政使、浙江布政使、江苏布政使等职。雍正九年（1731），迁河东副总河，开始参与治河事务。十一年（1733），调署江南河道总督，向河督嵇曾筠见习充实治河经验，十三年（1735），实授江南河道总督。

如图 80《高斌列传》记载，“（雍正）十一年二月谕令就近学习河工”，雍正皇帝安排其到嵇曾筠处学习河务。仅隔月余（雍正十一年三月初七日），雍正皇帝就收到嵇曾筠奏折《奏复高斌在臣处学习情形折》，如图 81 所示，呈报高斌学习情况。

河工治理涉及事项林林总总，修防、经费、人事等事务，专业而具体。专业人才的培养尤其是河工成败的关键。治河经验的传承和累积，必须对治河官员有制度性的规划和安排。嵇曾筠治河有方，很有才能，深得雍正器重。因此安排高斌调任其处，协助加学习，有意培养锻炼。如图 81 奏折中上谕所言：

上谕年来嵇曾筠办理河工甚为妥协，但黄河工程关系紧要，除嵇曾筠外，欲更觅一明晓河道情形者，不得其人。朕思高斌现在江南管理盐政，若从此讲论河工事务，将来可望熟练。着

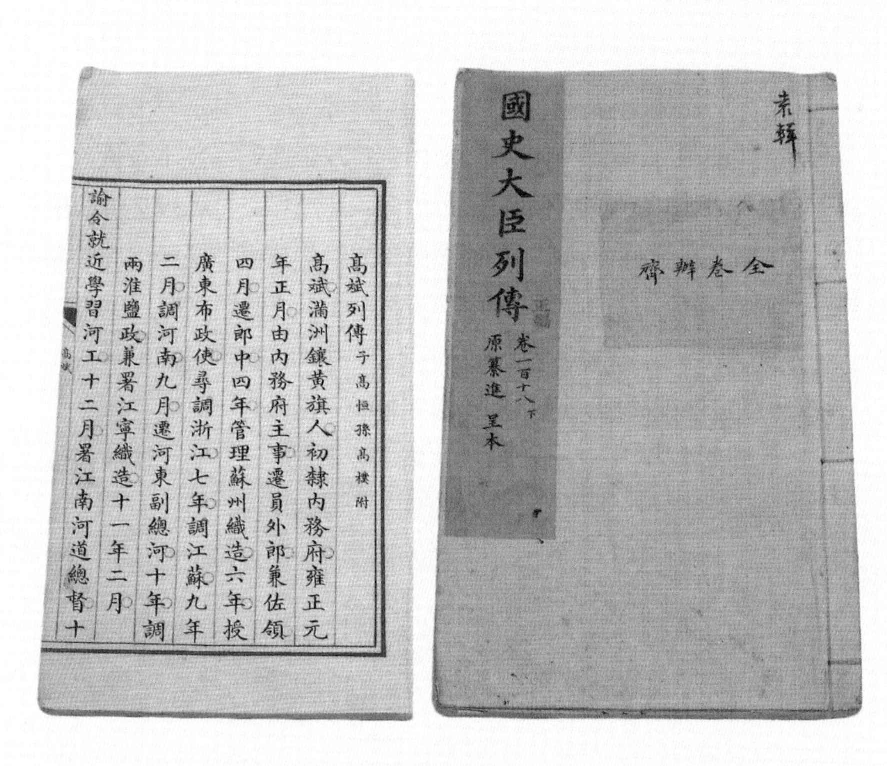
高斌列傳 子高恒 孫高樸附
高斌滿洲鑲黃旗人初隸内務府雍正元
年正月由内務府主事遷員外郎兼佐領
四月遷郎中四年管理蘇州織造六年授
廣東布政使尋調浙江七年調江蘇九年
二月調河南九月遷河東副總河十年調
兩淮鹽政兼署江寧織造十一年二月
諭令就近學習河工十二月署江南河道總督十



图 80 《大清国史大臣列传》之《高斌列传》

奏
太子太保吏部尚書管理江南河道總督提督軍務臣嵇曾筠謹
奏為欽奉
上諭事雍正拾壹年貳月貳拾壹日接到大學
士張廷玉寄字內開雍正拾壹年貳月拾
貳日奉
上諭年來嵇曾筠辦理河工甚為妥協但黃河
工程關係緊要除嵇曾筠外欲更覓一明曉
河道情形者不得其人朕思高斌現在江南
管理鹽政若從此講論河工事務將來可望
熟諳著就近在嵇曾筠處學習並非以嵇曾
筠不能專理更須人協助也爾可寄信與嵇
曾筠令其留心教導並寄信與高斌令其加
意學習凡有題本奏摺之處高斌俱不必列
名欽此遵
旨寄信前來臣跪讀
聖諭感戴
高厚莫可名言竊臣樗櫟庸材仰蒙
知遇隆恩教養優渥自奉
命宣防由北河復調南河叨膺重任凡關係運
道民生修守工程皆蒙我
皇上睿訓精詳披圖指示俾臣審度其形勢體
認其性情一切疏築機宜隨時隨地凜遵
指授方畧敬謹奉行是以幸有就緒乃蒙
天語褒嘉以臣年來辦理妥協欽承之下愧悚
交切更蒙
皇上軫念河工緊要著管理鹽政臣高斌就近
學習感作尤深伏念臣在工日久每慮河
務重大學識之中常思得一同志之人講
明熟習共圖報効無如因循者不如先事
預防躁妄者不克相機審勢粗淺者不能
尋源探本誠如
聖諭明曉河道情形者實難其人去冬臣查閱
工次於揚州曾見高斌已心識其為人謹
慎明白今奉
特旨學習臣惟有將數年以來欽承
聖訓指示開導之處悉心與高斌講究是臣一
身羸駑駘未能仰報
皇恩於萬一而更得人以圖維善後臣之幸也
臣敢不與高斌備細指陳明切講論以期
熟練以副
聖懷所有臣遵奉
諭旨緣由理合繕摺恭謝
天恩伏祈
皇上睿鑒謹
奏
雍正拾壹年叁月　初柒　日

图 81　雍正十一年嵇曾筠奏折《奏复高斌在臣处学习情形折》

就近在嵇曾筠处学习，并非以嵇曾筠不能专理，更须人协助也。

从上谕可见，雍正皇帝对嵇曾筠甚为信任，也有意培养高斌，为将来河工治理储备人才。嵇曾筠甚为干练，体察上意，回奏中呈报："凡关系运道民生修守工程，皆蒙我皇上睿训精详，披图指示"，可见地图是重要参阅。另外，回奏中呼应皇上选拔人才的想法，顺坡下驴，奏称：

> 皇上轸念河工紧要，着管理盐政臣高斌就近学习，感怍尤深。伏念臣在工日久，每虑河务重大，梦寐之中，常思得一同志之人，讲明娴习，共图报效。无如因循者，不知先事预防，躁妄者，不克相机审势，粗浅者，不能寻源探本。
>
> 诚如圣谕，明晓河道情形者，实难其人。去冬臣查阅工次于扬州，曾见高斌，已心识其为人谨慎明白。今奉特旨学习，臣惟有将数年以来钦承圣训指示开导之处，悉心与高斌讲究。

奏折与雍正谕旨呼应，颇有意思。雍正说河工紧要，"欲更觅一明晓河道情形者"。嵇曾筠回奏："梦寐之中，常思得一同志之人"，自己与皇上不谋而合，连做梦都想着寻觅一志同道合者。图 81 中有雍正朱批，"览。高斌居心甚可取，行止亦端正，但器具扁小些。加意训导之，以卿之学问年齿，可以为伊之师长。不必少存人我见"，再三叮嘱吩咐。

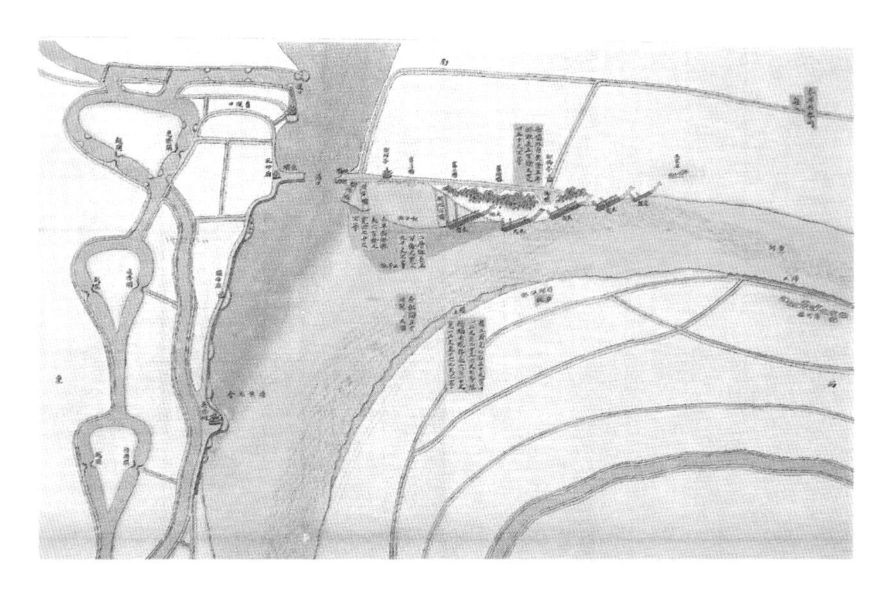

图 82　乾隆十四年高斌奏折《为奏闻清口木龙有效情形折》附图

之后高斌在乾隆朝大展身手，全力投入治河，在防范水患、疏浚河道、挑挖运口、清口建筑木龙等工程，表现杰出。尤其是清口放置木龙，木龙是一种河工器具，价格昂贵，主要起到减少河流冲刷河道、引导改变河水流向的作用。国图藏《运河图》中，清口地区洪泽湖出水孔道纡远，与高斌在清口地区设置木龙直接相关。如图 82 所示，该图是乾隆十四年（1749）十月初一日，时任江南河道总督的高斌奏折的附图，绘制的就是当年清口设置木龙后的情形。

乾隆皇帝对高斌之信任，从图 83 乾隆十六年（1751）奏折中也可看到。该年八月间，时任江南河道总督高斌获悉河南黄河北岸阳武县发生决堤，奏请率员前往堵截。乾隆皇帝接获此折后朱批："昨日降旨，令卿前往。今接此奏，可谓不约而同。"其对高斌同心协力、勇于任事的认可，跃然纸上。

江南河道總督臣高斌謹
奏為奏明赴豫協搶漫工仰祈
聖鑒事竊臣於七月下旬聞豫省黃河北岸生險未悉情
形處所隨即專差分路查探又特撥左營都司朱一
奇選帶諳練河兵數名星夜前往探明工次隨同河
臣顧琮相度機宜奮力搶護去後尚未覆到八月初
八日新任浙江都統卓鼐自京赴杭路由清江浦面
述經過山東張秋一帶運河水大因河南陽武堤工
漫口所致臣即復委淮徐河營遊擊魏吉飛往協幫
下埽究後知會顧琮在案今據豫東兩路差回備開
本年六月內黃水盛漲北岸陽武縣十三堡大堤漫
塌一百餘丈河臂民捻被刷三處又十三堡漫口以
下順堤河形入黃一處今俱由漫口北流經過東北
由封邱長垣濮州范縣壽張以抵張秋穿運入鹽河
歸海中間窪地多有淹浸河臣顧琮撫臣鄂容安在
工搶築漫工已經兩頭裹護民捻已閉二處尚有一
處又以下倒溝一處未閉等語臣查清口以上宿遷
桃源一帶黃河水勢盛漲雖經減落大溜尚有六分
則是陽武漫工尚不致有奪溜之患但口門寬至一
百餘丈自非月餘所能竣工乘此天氣和暖必須上
緊相機趕辦臣既探確情形分應星趨搶護不容遲
緩茲南河秋汛一切搶護修防平穩時過秋分已屬
無虞督臣尹繼善於八月初十日接印任事已往江
寧臣即料理緊要案件一面束裝隨於八月十七日
自清江浦起程帶領參將朱一智守備徐建功等選
帶得力河兵一百數十名星趨陽武工所與顧琮鄂
容安商畫搶築務期速竣以仰副
聖主奠安黎庶之
宸衷其工程細的情形容臣到工後確再奏
聞所有臣一面具疏
題報一面即起身赴豫緣由理合繕摺
奏明伏乞
皇上聖鑒再張師載因上江水旱偏災現需查察亦於十
七日起程回皖臣將河道總督印信應帶辦理緊要
事務淮揚道吳嗣爵經吉慶委署運司清江浦只有
河庫道李弘其日行尋常案件特委河庫道李弘代
折代行合併
奏明謹
奏
昨日降旨令卿前往今接此奏可謂不約而同
乾隆十六年八月　十七　日

图 83　乾隆十六年高斌奏折《奏报赴河南协办漫工折》

## 三、麟庆

麟庆，完颜氏，字伯余，号见亭，满洲镶黄旗人，清嘉庆十四年（1809）进士，历任河南开归陈许道、河南按察使、贵州布政使、湖北巡抚，道光十三年（1833）出任江南河道总督，著有《黄运河口古今图说》《河工器具图说》《鸿雪因缘图记》等书，是研究清代中期河工的重要著作。

《鸿雪因缘图记》共三集，图文并茂地展示麟庆一生的仕宦经历，共成二百四十篇，各篇皆附图一幅。图 84 选自《鸿雪因缘图

图 84　麟庆五十岁小像

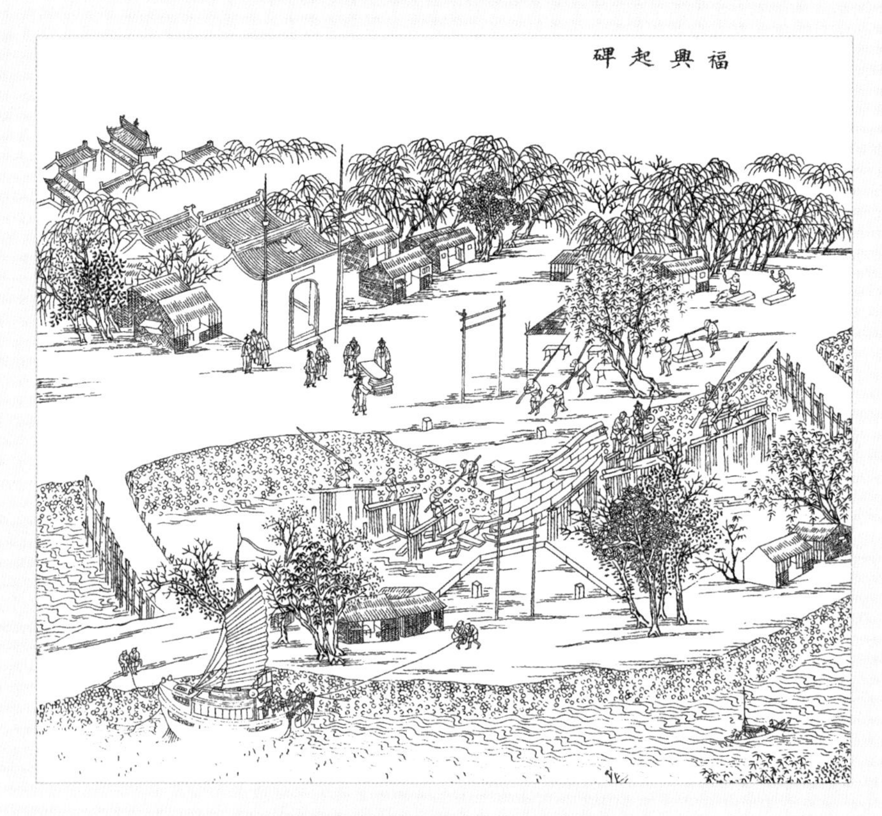


图 85 《鸿雪因缘图记》之《福兴起碑》

记》，由常熟孝子胡骏声绘“见亭夫子五十岁小像”，图中麟庆手持如意，毛髯及胸。其经历及书中内容，与河工治理多有关联。

如图 85 为《福兴起碑》，在里运河的福兴闸发现石碑一座。“福兴闸”位于洪泽湖运口，明代修天妃闸，后废，康熙二十三年复建，改名惠济闸，乾隆三年，高斌在惠济闸下酌添正、越石闸各两座，用于约束湖水，不久名之为福兴闸。如图 86 所示，在国图藏《运河图》中“二闸”即为“福兴闸”。

据麟庆记述，其任内拆补福兴正闸，于甲午（道光十四年，1834 年）四月净水后，在闸底见一卧碑，遂遣人从河中吊出，如图 85 所示，河中一舟，似在吊运石碑。石碑出水后，麟庆往视，碑文

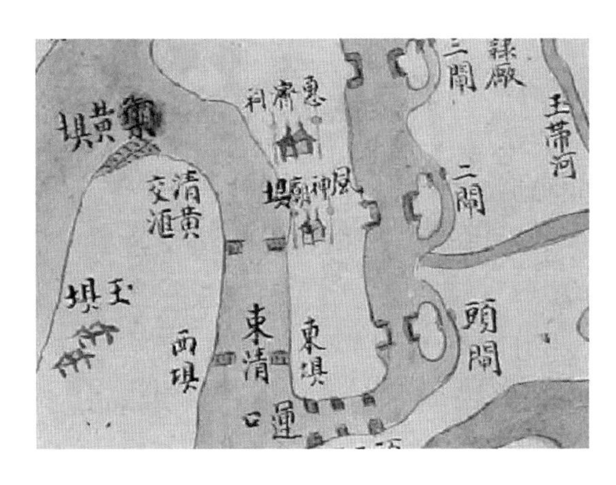


图 86 国图藏《运河图》之二闸

记："淮水清，湖水平，百世安澜庆有成。从此河防万福。"事有凑巧，该碑即为乾隆朝河臣高斌所立。碑文最后署："乾隆三年督河使者高斌造。"一座石碑，关联高斌、麟庆两代河臣。

古代大型工程的兴修，需要大量人力的投入，人海战术，战天斗地，非常不易。古代文献中虽然有所描述，但是文字呈现的画面，很难勾勒出具象的图景。其他运河图中，多绘制地理景物，基本不涉及具体的劳作场景。麟庆参与了很多治河工程，在《鸿雪因缘图记》中就写实性地绘制了河工情形，这对于今人回到当时的历史场景，无疑是最直观具象的图像记录。

如图 87 所示，密密麻麻如蚂蚁一般的劳工，或单人推车，或双人配合，在不同工段上奋力劳作。而在堤坝高处，站立着河道官员以及手持兵器、旗帜的兵丁，督查河工。整幅画面很细致地呈现出了修筑河工的劳作场景。

堵不如疏，治河讲究疏导。运河中开挖引河，就是行疏导之法，紧急情况时通过引河，分流多余河水，减少主干道水流，防止决堤。而"抢红"之说，文献中较为少见，但却是实际工地上非常行之有效的激励方式。具体说，在工程完成五六成时，为防止懈怠、激励士气，会挂红悬赏，其中包裹钱、布、酒、肉等，不同工段或不同工组，先完工者得之。在工程完成九成时，也会挂红悬赏，同样是物质奖励，提升士气。这是一套非常接地气、非常高效的激励方式，与现代公司制度中的年终奖设计异曲同工。麟庆指出，这样做还有一个好处，河工工地上并非都是善茬良民，有时会出现工程过半，故意怠工、坐地要价的情况，这时官府往往进退不能，被迫加价，

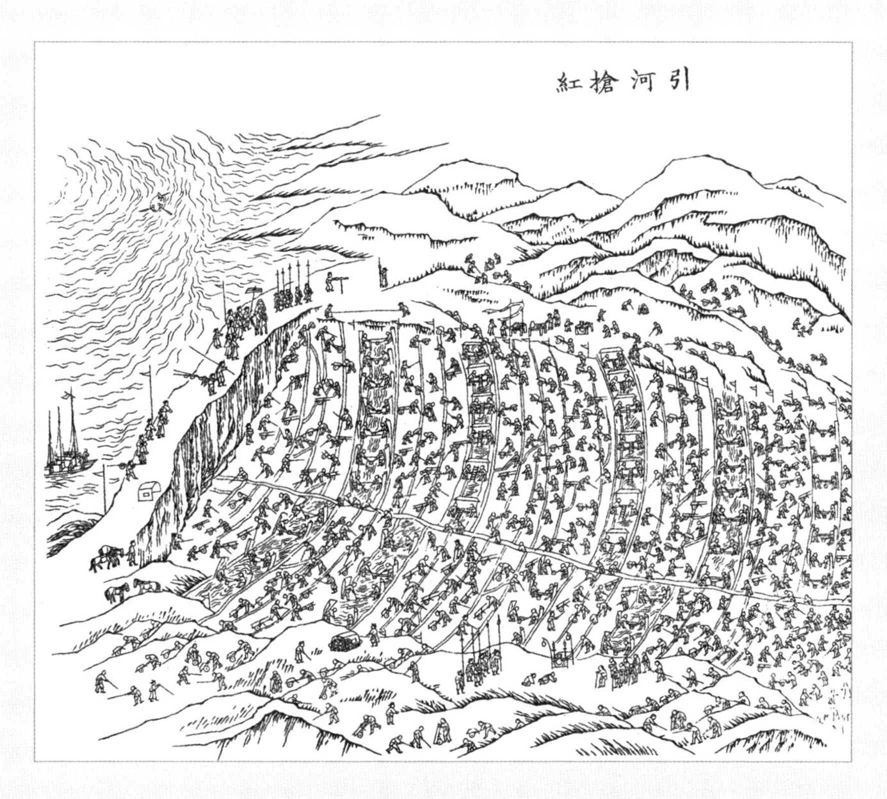


图 87　《鸿雪因缘图记》之《引河抢红》

破财消灾。与其如此，不如主动出击，财散人聚，在工程不同阶段，不时进行物质激励，啖以小利，聚心聚力。

再以图 88《中河移塘》为例，可看到漕船过黄的景象。图画采用鸟瞰式全景绘制的技法，画面中船帆高擎，在波光粼粼中行进，陆地上有纤夫，三五一组，俯身卖力拉纤，而河中央的大船旁则有小舟若干条，相互牵引过黄。

麟庆河工治理也多得道光皇帝嘉许，如图 89 为道光二十一年（1841）九月初九日，时任江南河道总督麟庆奏折《奏报南河河工平妥折》。是年九月间，江南河道总督麟庆奏报黄河水势的例行性报告，汇报黄河水涨水落及抢险修堤情形。当年黄河南河水势相继化险为平，普庆安澜。道光皇帝阅览后大感欣慰，朱批："览奏。实深寅感。另有旨。"可见道光皇帝对麟庆的嘉许。

图 88　《鸿雪因缘图记》之《中河移塘》

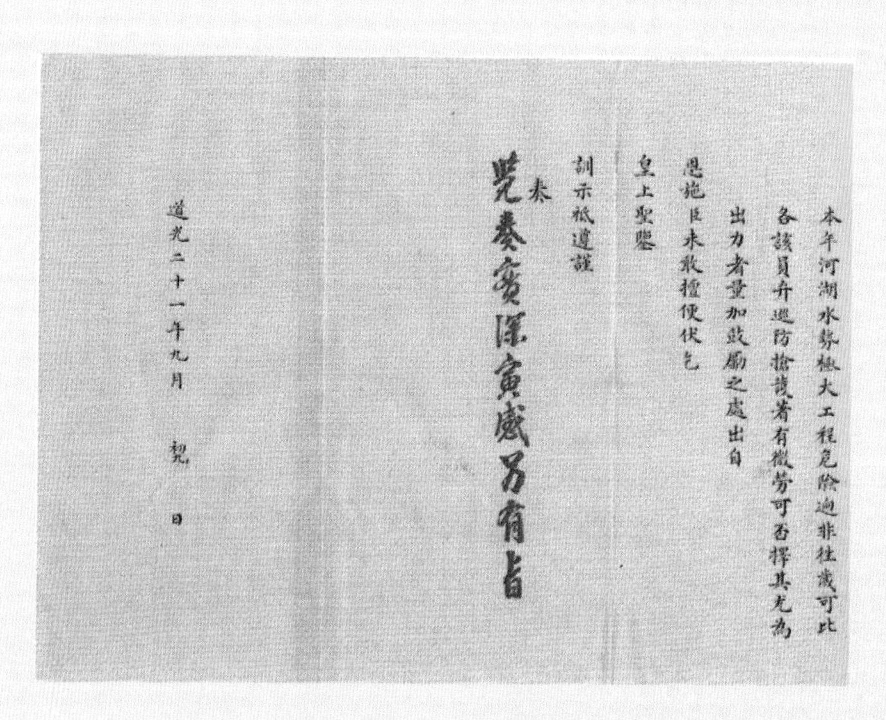

本年河湖水勢極大工程危險迥非往歲可比
各該員弁巡防搶護著有微勞可否擇其尤為
出力者量加鼓勵之處出自
恩施臣未敢擅便伏乞
皇上聖鑒
訓示祇遵謹
奏
覽奏實深寅感另有旨
道光二十一年九月初九日

图 89　道光二十一年麟庆奏折

# 第七章

# 修河的器具

运河河段有些是借助自然河道，水源充沛，河道顺畅，尚无需大兴土木，比如江南运河。而更多河段是人工河渠，需要时常疏浚，修护闸坝等，需要大量人力、物力、财力倾注其中，比如水源较少的山东运河河段以及黄河、运河交汇的清口地区。

这一方面需要强盛国力的持续投入，另一方面也需要细密周全的管理体制的维系，更需要人山人海的巨大人力支撑。总之，毫不夸张地说，在古代封建社会时期，生产工具相对落后，进行如此巨大长期的系统维护，需要大量地、反复地投入巨大人力。他们使用着简单、普通但是实用的各式工具，投入到一项如此浩大长期的工程中。大运河不论如何伟大，它都首先是古代普通劳动者汗水灌注出的劳动结晶，产生于众多普通劳工一刀一斧的劳作中。

生产劳动工具虽然不是运河图的绘制内容，但是看看古人用的各式“简陋”修河工具，可以更加近距离的接近历史，也才能更好地理解古代劳动人民的艰辛付出和大运河的伟大。

古人使用的治河工具，道光年间河臣麟庆著有专书。麟庆闲暇之余，“于祁寒暑雨，周历河壖，每遇一器，必详问而深考之，有专为乎工而别立主名者，有不专为乎工而修而兼用者，有类于古而实创自今者，有宜于今而无异乎古者，其称名也小，其利用也繁，日积月累，辑为一编”。于道光十六年（1836），刊印《河工器具图说》一书，其中绘图145种，收入河工器具289种，以图谱形式详细记述治河工程器具的名称、沿革、构造、功用等，为今人系统了解古代的河工器具提供了极大便利。本章将主要展现其中图幅，介绍一些河工器具。

## 一、相风鸟

如图90所示，图中所绘“相风鸟”是古代修河时，用于观察风向的器具。古人修治河工，天象至关重要。“然凡筑堤、厢埽、运料、挑河皆须相度风色，以占晴雨，则鸟又可少哉？”

其构造和原理较为简单，却也非常机巧。“刻木象鸟形，尾插小旗，立于长杆之杪或屋头，四面可以旋转，如风自南来，则鸟向南而旗即向北”，如同我们日常生活中，可以观察旗杆上的旗帜飘扬方向，来辨别风向。

为何要“刻木象鸟形”，而不是其他动物？麟庆记述了一则故事予以说明，在古籍《潜居录》中有记述：

> 巴陵鸟，不畏人。除夕妇人各取一只，以米果食之，明旦各以五色缕系于鸦颈放之，相其方向，卜一岁吉凶，占验甚多。大略云：鸦子东，兴女红；鸦子西，喜事临；鸦子南，利桑蚕；鸦子北，织作息。取其验风，盖亦相其方向也。

大意是说，巴陵地区的民间风俗，除夕妇女会喂食一种鸟，将五色绳子系在颈部后放飞，根据鸟飞的方向，占卜来年的吉凶。以相风鸟观测风向，类似于放飞巴陵鸟，以观吉凶。这是一种说法，权且听之。

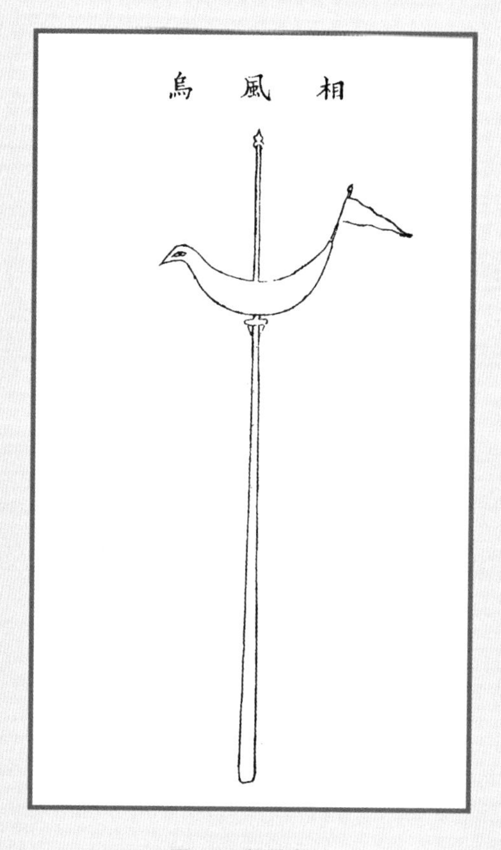


图 90　相风鸟

## 二、旗杆

旗杆虽然司空见惯，但在河工中，也有重要用途。“旗，期也，言与众期于下也”，起到号召、提醒的作用。

旗帜悬挂于堤上各堡和施工处，如图 91 所示，河工旗帜上所书文字，有特定语式，书以大大的“普庆安澜”或“四防二守”。所谓“普庆安澜”，很好理解，就像过年张贴的“开门见喜”“五谷丰登”一样，是吉祥话；其中“安澜”二字，在古代多用于形容河渠安流顺轨，多与河道治理连用。至于“四防二守”，则较为专业。《河工器具图说》载：

> 四防二守者。“四防”何谓？风雨昼夜。风能刷水汕堤，宜护；雨则冲堤淋沟，宜修；昼恐水涨，宜御；夜防盗决，宜巡。“二守”何谓？官民。官乃在官兵夫，非专指官员而言也；民乃近堤百姓，非统合境内而言也。兵夫只可修守于平时，若遇水涨工险，方下埽签椿之匆暇，故当伏秋大汛，例调民夫上堤协守，俗所谓站堤夫是也。迨水落工平，仍归兵夫修防。

简单说，类似于我们今天熟知的“三大纪律八项注意”。“四防”分别指出遇风、遇雨、涨水和防盗这四种情况下的应对策略，

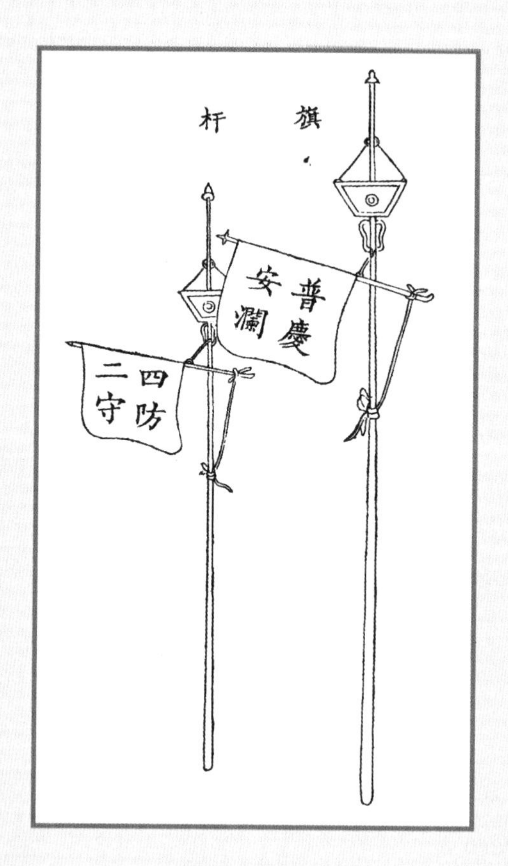


图 91　旗杆

而“二守”则类似于平战结合，平时由专门的兵夫修护，汛期民夫协守。“四防二守”是对治河经验、策略的总结和高度凝练。

树立旗帜，“欲官民其相警勉，务保安澜耳”。而旗帜颜色选用黄色，因为按照古代五行观念，黄色属土，取以土制水之意。

## 三、牌坊

所谓“牌坊”，如图92所示，上书“某汛某堡”，其中“汛”和“堡”是不同的治河单位，负责不同管段、长短不等的河道修护管理等，如此书写，是为了明确界限、分明职守。

“挂牌”上书写的“巡防外委守堡兵夫”，其上书写兵夫的名字，类似于现在的警官证，是兵夫身份的象征，便于值守。另外，“虎头牌”上书写的“昼夜巡查”，立于兵夫驻守堡房侧面，起到警示作用，“又欲官弁兵夫触目警心，不敢稍有疏懈”。

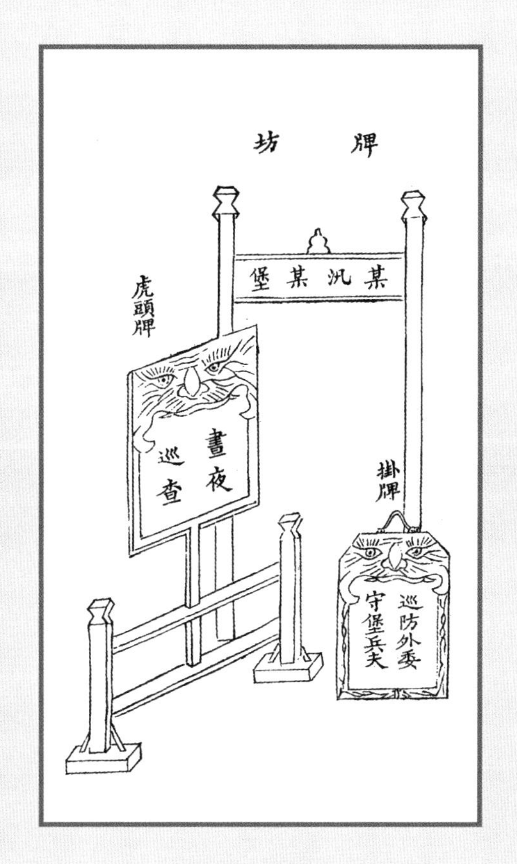


图 92 牌坊

## 四、墩子硪、束腰硪、灯台硪、片硪

堤工为土质，需要夯筑。这一组石头制作的墩子等，专门用于夯实堤工。“堤之坚实，全仗硪工”，这是重体力活，也需要高度配合，“硪工必须对手，倘十人中有一二不合适者，其筑打之迹形如马蹄”。

图 93 中墩子硪、束腰硪用于平地，灯台硪、片硪用于坦坡。其中墩子硪最重，河南东部常用；灯台硪稍轻，淮安、徐州一带用之；束腰硪、片硪最轻，高邮、宝应一带用之。硪上绑有连环套，众人高高抛起，长绳、高抛则落得重，堤工则愈坚实。

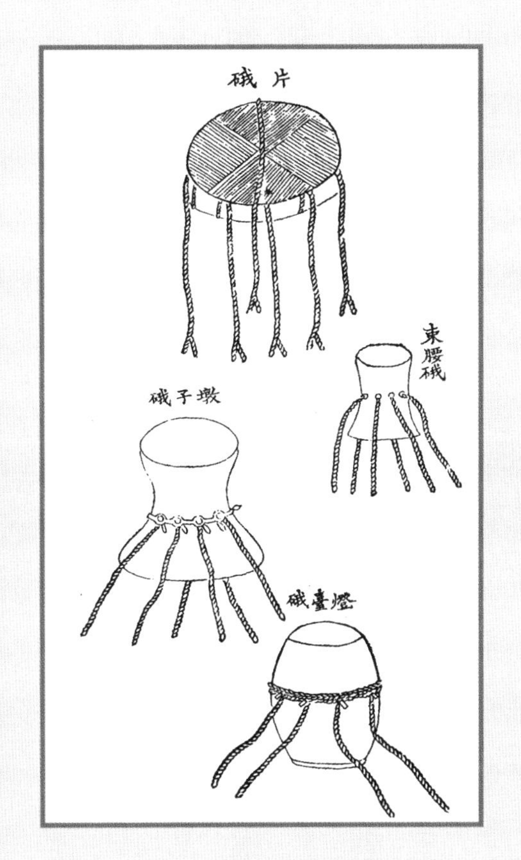


图 93　墩子硪、束腰硪、灯台硪、片硪

## 五、木龙全式

木龙是中国古代较为复杂的一种治河器具，主要放置于堤岸，起到防止水流冲刷、保护堤防的功用。首创于北宋滑州知县陈尧佐，元代贾鲁治理黄河时，也曾应用。乾隆五年（1740），江南河道总督高斌曾使用木龙，放置于清口西侧南岸，引导黄河水流，使其远离运口、防止倒灌，取得很大成效。

如图 94 所示，木龙制作不易，造价昂贵，常置于水中，容易朽坏。因此，在水小之时，往往从水中取出，以备不时之需。

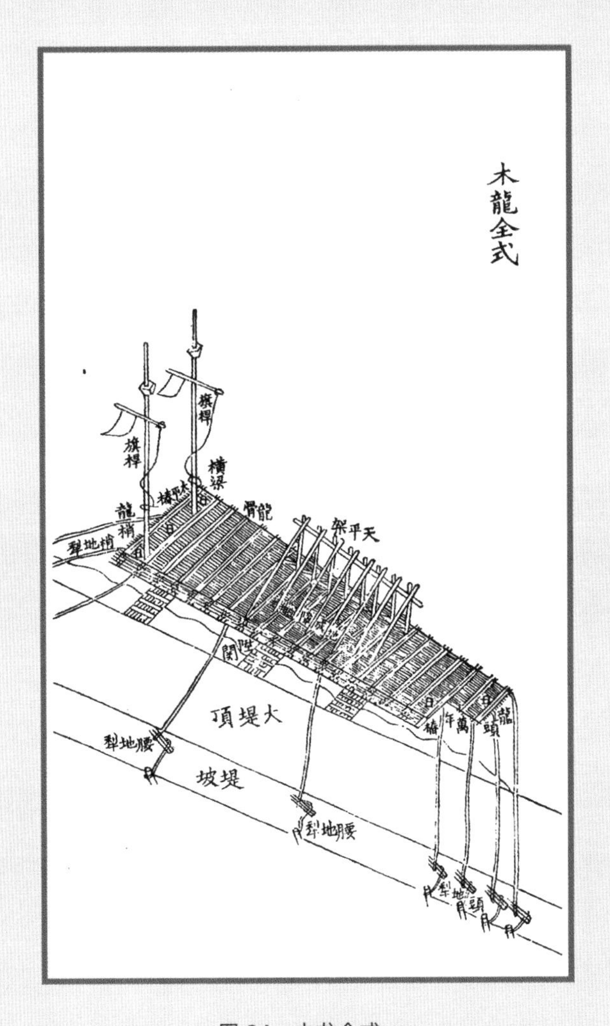


图 94　木龙全式

# 六、鼠弓、獾刀

千里之堤，毁于蚁穴。打洞的老鼠和獾，都是堤坝的大敌。治河书籍多为文人或官员书写，他们没有具体动手经验，因此较少记载。下面透过这些捕捉工具，可以形象地感受日常防护的具体细节。

## （一）鼠弓

老鼠牙尖嘴利，善于凿穴打洞，在大堤顶部或两侧都会有洞口，如不及时发现处理，大雨、涨水之时，堤坝堪忧。因此，捕捉老鼠、破坏老鼠洞，也是运河维护的重要内容。图 95 为鼠弓，用法是：发现老鼠打洞，用竹弓、铁箭射之，“百不失一”。

## （二）獾刀、獾沓、獾兜、铁叉

獾，喜群居，一个洞穴内居住十只左右；善挖洞，它的爪子细长而且弯曲，尤其是前肢爪，是掘土的有力工具。獾的嗅觉灵敏，喜欢拱食植物根茎，也吃蚯蚓和地下的昆虫幼虫等。

獾多在堤坝底部打洞，其洞穴曲且深，洞口如碗口大小，有前、后两门，两门往往相距四五丈或者七八丈。獾的体量较大，洞穴深长，因此对运河堤防危害尤大。扫除洞穴之法，水灌火熏最为得力，然而堵住前门，獾从后门逃窜，堵住后门，则窜前门，往往有脱漏。另外，獾喜欢行熟路，发现洞口有虚土，则是其出入之处，暗中放

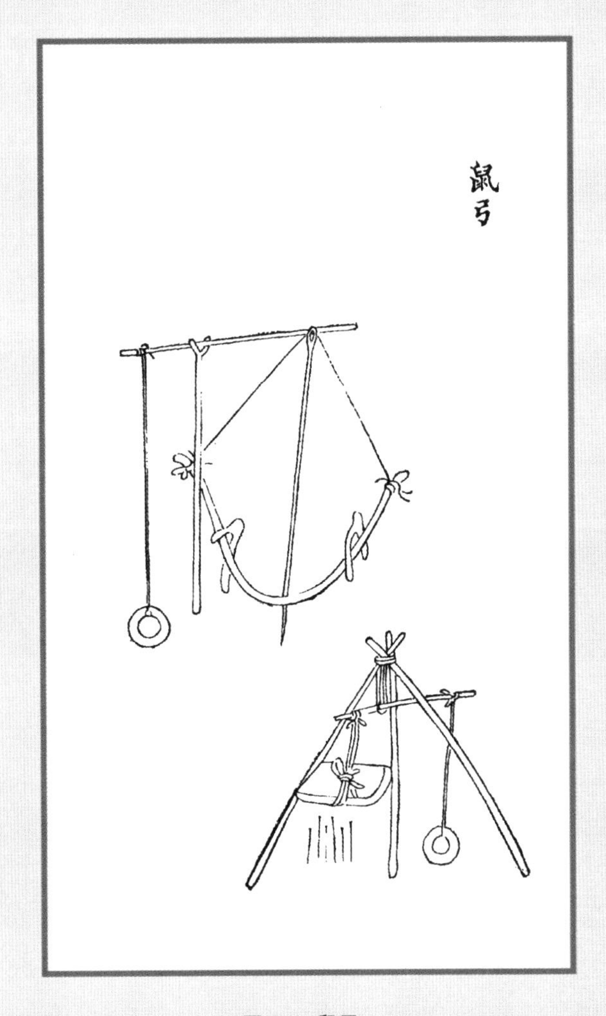


图 95　鼠弓

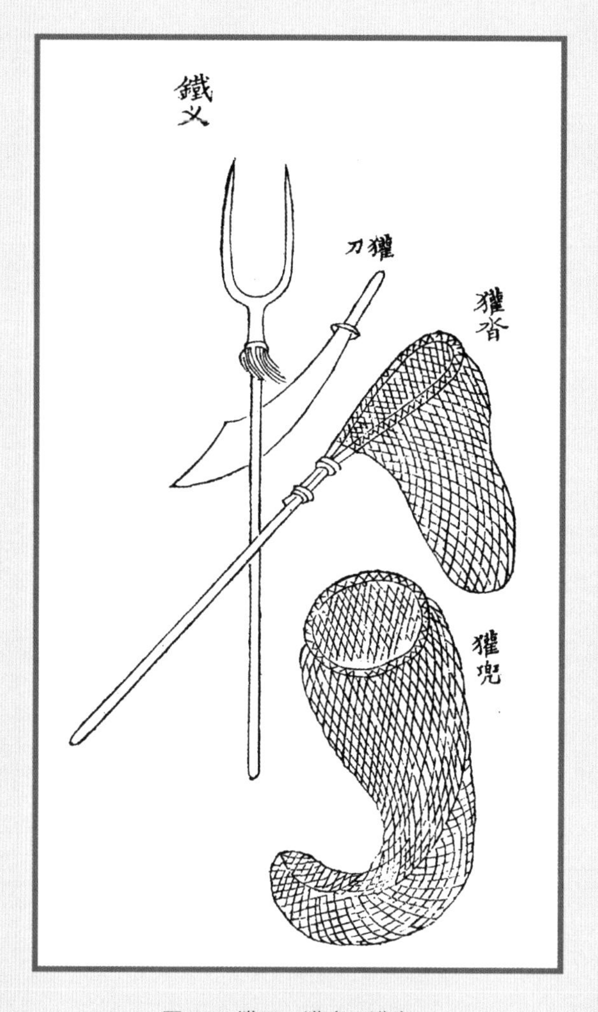


图 96　獾刀、獾沓、獾兜

置獾兜、獾沓，待獾经过时捕捉，也是常用之法。獾兜、獾沓如图96所示，均用麻绳制成。此外，图96中所示獾刀、铁叉等，都是备用的利器。捕獾时，猎狗也大有用处。

## 七、船只

舟行水上，各类船只各有用途。如图 97 所示，“条船”，风帆高擎，船身较大，专门用于运输物料。“圆船”的船身较小，虽掉头旋转便利，但是载物较少，宜于顺流而下。如图 98 所示，“浚帮”，两船相并，称为“帮”，装载木柴等物料。“柳船”，因运载柳树而得名，并非材质是柳木。

运河水浅，因此船只为平底，便于行船，四幅船图皆为平底船，是为证据。

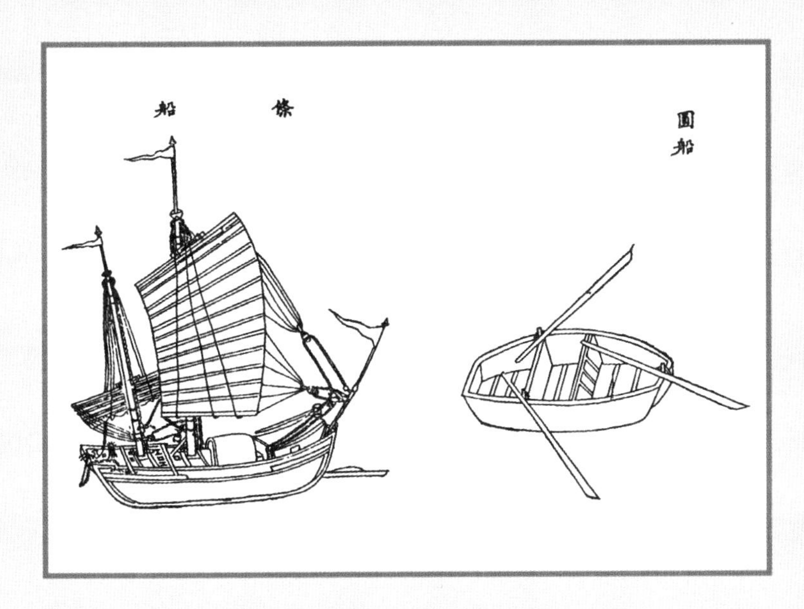


图 97　条船、圆船

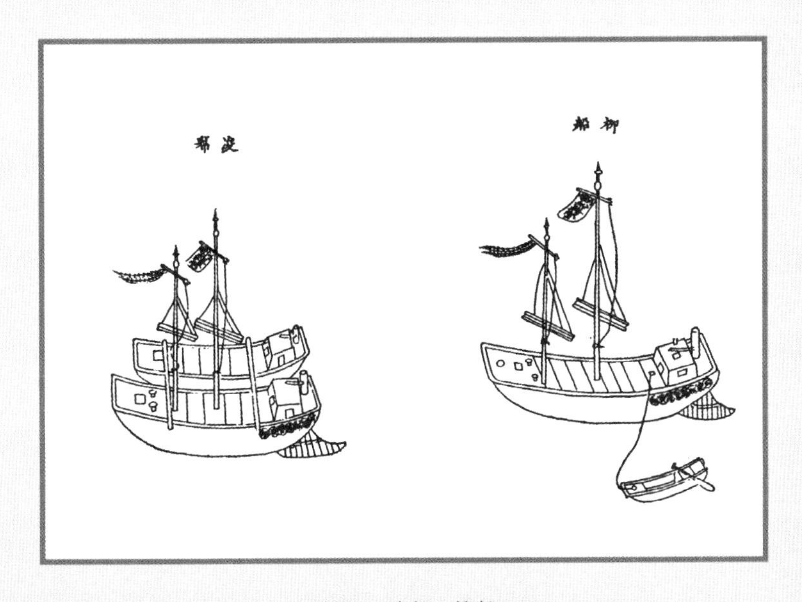


图 98　浚帮、柳船

## 八、灯笼、蓑衣等

此外还有一些日常生活中常见、常用的物件，也在治河时需要使用，亦可称为治河器具，比如灯笼、钱柜、蓑衣、铜锣、抬土筐等。

灯笼，照明之用，如图 99 所示，上书“普庆安澜”。汛期时，通宵不灭，备风雨黑夜上下巡防之用。

古代藏器之大者，称为柜，次之为匣，小者为椟。图 99 所示钱柜，入秋汛期时，置于兵夫的堡房内，其中根据规章，放置钱十贯，以备不时之需。其上有栅木，便于查看，但是手伸不进去，不能拿取。其意在于：一备不时之需，二寓慎重使用之意。

图 100 左边为蓑衣，防雨之用；右边为抬土筐，运土的工具。其他还有火把、斗笠、镰刀、墩子、木夯、水车等。

大运河的伟大众所周知，而其中的艰辛、汗水与蝼蚁般劳作的百姓，透过本章介绍的简陋工具，以及图 101 所示浸泡在河水中挖泥的运河劳工，才能感知一二。大运河出于庙堂上的筹划，更出自于普通大众的双手。大运河不单单是自然水文工程，更是需要人力、物力、财力不断海量投入的劳动含量极高的人文景观。正是这份不断注入的强悍“人文”基因，才成就了举世瞩目的大运河。

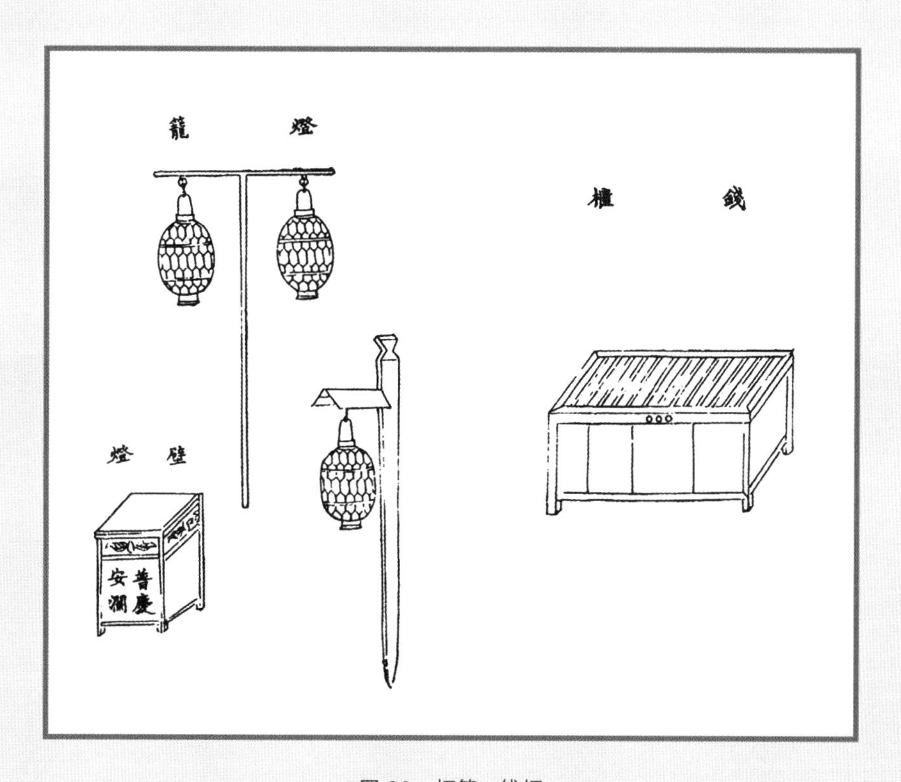


图 99　灯笼、钱柜

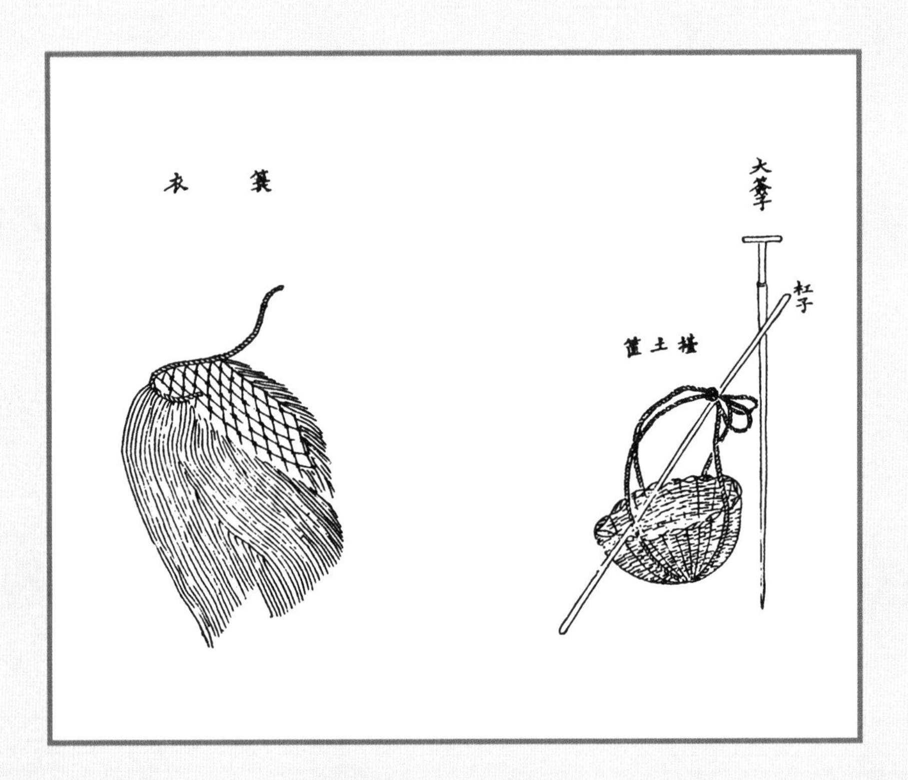


图 100　蓑衣、大签子

图 101 20 世纪 30 年代北运河疏浚照片

（图片来源：通州区图书馆编《流光旧影认通州——通州区图书馆藏老照片集》）

# 主要参考文献

## 一、古籍

1. 《明史》，中华书局，1974 年。
2. 《清史稿》，中华书局，1977 年。
3. （清）麟庆撰，汪春泉绘：《鸿雪因缘图记》，道光丁未刻本，国家图书馆出版社，2011 年影印本。
4. （清）麟庆：《河工器具图说》，道光刻本，浙江人民美术出版社，2015 年影印本。
5. 中国第一历史档案馆、江苏省淮安市人民政府编：《清宫淮安档案精萃》，中国档案出版社，2011 年。
6. 中国第一历史档案馆编：《康熙朝满文朱批奏折全译》，中国社会科学出版社，1996 年。
7. William Alexander, *The Costume of China*, London: Published by William Miller, Albemarle Street, 1805.

## 二、论著

1. 北京图书馆善本特藏部舆图组编:《舆图要录》，北京图书馆出版社，1997年。
2. 王耀:《水道画卷：清代京杭大运河舆图研究》，中国社会科学出版社，2016年。
3. 王耀编著，(清)麟庆撰:《〈黄运河口古今图说〉图注》，中国社会科学出版社，2018年。
4. 《水到渠成：院藏清代河工档案舆图特展》，(台北)故宫博物院，2012年。
5. 向斯:《乾隆南巡的故事》，故宫出版社，2016年。
6. 刘明光主编:《中国自然地理图集》，中国地图出版社，2010年第3版。
7. 王云:《明清山东运河区域社会变迁》，人民出版社，2006年。
8. 吴辰:《京杭大运河沿线城市》，电子工业出版社，2014年。
9. 姜师立、陈跃、文啸等:《京杭大运河历史文化及发展》，电子工业出版社，2014年。
10. 通州区图书馆编:《流光旧影认通州：通州区图书馆藏老照片集》，光明日报出版社，2016年。

## 三、古地图

1. 中国国家图书馆藏《岳阳至长江入海及自江阴沿大运河至北京故宫水道彩色图》。
2. 国家基础地理信息中心藏《清代京杭大运河全图》，国家基础地理信息中心、中国地图出版社联合编制，2004 年。
3. 杭州市档案馆编《清代大运河全图》，浙江古籍出版社，2013 年。
4. 《运河全图》，中国地图出版社，2011 年。
5. 美国国会图书馆（Library of Congress）藏《乾隆黄河下游闸坝图》。
6. 美国国会图书馆藏《黄运湖河全图》。
7. 美国国会图书馆藏《全漕运道图》。
8. 美国国会图书馆藏《山东运河全图》。
9. 美国国会图书馆藏《天津城厢保甲全图》。
10. 台北“中央图书馆”藏《山东通省运河泉源水利全图》。
11. 台北“中央图书馆”藏《南河黄运湖河蓄泄机宜图说》。
12. 大英图书馆藏《运河图》。
13. 大英图书馆藏《淮扬水道图》。
14. 大英图书馆藏《全黄图》。
15. 大英图书馆藏《乾隆南巡驻跸图》。